Potenzialorientierte Kundensegmentierung zur Optimierung des
Leistungsportfolios in der Firmenkundenbank

Beiträge zum Controlling

Herausgegeben von Wolfgang Berens

Band 13

PETER LANG

Frankfurt am Main · Berlin · Bern · Bruxelles · NewYork · Oxford · Wien

Nino Raddao

Potenzialorientierte Kundensegmentierung zur Optimierung des Leistungsportfolios in der Firmenkundenbank

Konzeption und Implementierung
einer *efficient customization* am Beispiel
von Genossenschaftsbanken

PETER LANG
Internationaler Verlag der Wissenschaften

Bibliografische Information der Deutschen Nationalbibliothek
Die Deutsche Nationalbibliothek verzeichnet diese Publikation
in der Deutschen Nationalbibliografie; detaillierte bibliografische
Daten sind im Internet über <http://www.d-nb.de> abrufbar.

Gedruckt auf alterungsbeständigem,
säurefreiem Papier.

ISSN 1618-825X
ISBN 978-3-631-58354-8

© Peter Lang GmbH
Internationaler Verlag der Wissenschaften
Frankfurt am Main 2009
Alle Rechte vorbehalten.

Printed in Germany 1 2 3 4 5 7

www.peterlang.de

Für Miranda

Geleitwort

Deutsche Kreditinstitute – insbesondere Regionalbanken – bewegen sich derzeit in einem schwierigen Marktumfeld. Während einerseits die gestiegene Preissensitivität der Bankkunden im Kontext einer hohen Markttransparenz zu einem erhöhten Margendruck führt, wird die Ertragssituation zusätzlich durch makroökonomische Rahmenparameter (flache Zinsstrukturkurve, etc.) negativ beeinflusst.

Besonders im beratungsintensiven Firmenkundengeschäft ist daher eine Differenzierungsstrategie erforderlich, die eine Wettbewerbsabgrenzung ermöglicht ohne Rentabilitäts- und Effizienzaspekte außer Acht zu lassen. Ausgehend von dieser Herausforderung stellt das vorliegende Werk einen innovativen Segmentierungsansatz vor, der weit über die bisher in Literatur und Praxis verwendeten Klassifizierungsverfahren hinausgeht. Die Segmentierung wird von einem reinen Clustering der strategischen Geschäftseinheit *Firmenkunden* zu einem zentralen Instrument des Vertriebsmanagements weiterentwickelt. Herr RADDAO prägt in diesem Zusammenhang den Begriff der „efficient customization", der eine konsequente Ausrichtung der Betreuungsindividualität und -intensität an den Kundenanforderungen, sowie der Rentabilität und des Potenzials der Geschäftsbeziehung meint. Erreicht wird dies über einen segmentspezifischen Zuschnitt des Leistungsportfolios.

Erkenntnisunterstützend hat Herr RADDAO eine umfangreiche empirische Studie zur Anforderungsstruktur im Firmenkundengeschäft durchgeführt. Dabei ist es ihm unter Verwendung des – in der deutschsprachigen Literatur noch weitgehend unbekannten – *Importance Grid* auf eindrucksvolle Weise gelungen, die Kundenanforderungen an das Leistungsportfolio und die Geschäftsbeziehung nach Basis-, Leistungs- und Begeisterungsanforderungen zu klassifizieren. Die Arbeit wird durch Verknüpfung der Segmentierungskonzeption mit den Erkenntnissen der empirischen Untersuchung unter Derivation segmentspezifischer Normstrategien sinnvoll abgerundet.

Besonders hervorzuheben sind der hohe praktische Anwendungsbezug, die breite Verwendbarkeit, sowie die sorgfältige wissenschaftliche und empirische Fundierung des vorliegenden Werkes, welche nicht zuletzt durch die Auszeichnung der zugrundeliegenden Diplomarbeit mit dem *DZ BANK Karriere-Preis* bestätigt wird. Ich wünsche der Monographie daher eine weite Verbreitung in Wissenschaft und Praxis.

Münster, im Juli 2008   *Prof. Dr. Wolfgang Berens*

Vorwort

Das vorliegende Werk ist auf Grundlage meiner Diplomarbeit entstanden, welche im Februar 2007 unter dem Titel „Potenzialorientierte Kundensegmentierung zur Optimierung des Leistungsportfolios einer ganzheitlichen Firmenkundenbetreuung genossenschaftlicher Kreditinstitute" als Abschlussarbeit meines berufsbegleitenden Studiums der Betriebswirtschaftslehre an der FHDW – Fachhochschule der Wirtschaft eingereicht wurde. In diesem Zusammenhang gilt mein ganz besonderer Dank meinem akademischen Lehrer Herrn Prof. Dr. THOMAS JENSEN für die Betreuung und die Übernahme des Erstgutachtens. Sein Engagement im Hinblick auf die Begleitung des Erstellungsprozesses ging weit über ein zu erwartendes Maß hinaus und hat wesentlich zum Gelingen der Diplomarbeit beigetragen. Für die Übernahme des Zweitgutachtens danke ich Herrn Prof. Dr. HEINER LANGEMEYER.

Eine besondere Anerkennung möchte ich Herrn THOMAS KERSTING B.Sc., Herrn Dipl.-Bankbetrw. (ADG) RALF RECKMEYER, Herrn Dr. KLAUS SEGBERS und Herrn Dr. ANDREAS SIEMES zu Teil werden lassen.

Herrn THOMAS KERSTING danke ich für sein – für einen Informatiker – ausgeprägtes Interesse an wirtschaftlichen Zusammenhängen, die vielen Gespräche auf hohem Abstraktionsniveau, seine Funktion als Motivator und Freund, sowie insbesondere für die prototypische softwaretechnische Umsetzung des Segmentierungskonzeptes. Bei Herrn RALF RECKMEYER möchte ich mich für seinen Innovationsdrang, seine Begeisterung für die Thematik, seine Offenheit und den fundierten Einsatz seines Expertenwissens bedanken. Herrn Dr. KLAUS SEGBERS danke ich für die Zurverfügungstellung seiner Dissertationsschrift, die engagierte Unterstützung und den konstruktiven Diskurs zur Empirie und den verhaltenswissenschaftlichen Aspekten der Kunde-Bank-Beziehung. Herrn Dr. ANDREAS SIEMES gebührt spezieller Dank, da er aufstrebenden Akademikern in bemerkenswerter Art und Weise die Möglichkeit und den Freiraum gibt, in einem hochmotivierten, exzellent besetzten Team konzeptionelle Ideen zur Marktreife weiterzuentwickeln. Es ehrt mich sehr, gemeinsam mit ihm, Herrn Dr. SEGBERS und weiteren Kollegen zukunftsorientiert an der Weiterentwicklung des Firmenkundengeschäfts arbeiten zu dürfen.

Für die konstruktiven Diskussionen zur fachlichen und praktischen Fundierung und die allgemeine Unterstützung danke ich auch Herrn Dipl.-Bankbetrw. (ADG) / Dipl.-Kfm. (FH) FRANK BÖGER, Herrn Dipl.-Bankbetrw. (ADG) / Dipl.-Kfm. MICHAEL DEITERT und Herrn Dipl.-Bankbetrw. (ADG) HANS MESTEKEMPER.

Desweiteren möchte ich Herrn Prof. Dr. WOLFGANG BERENS herzlich für die Aufnahme des vorliegenden Werkes in seine Schriftenreihe, sowie sein Vertrauen und die Begleitung meines Dissertationsvorhabens danken. Es freut mich sehr, meine akademische Laufbahn am *Lehrstuhl für Betriebswirtschaftslehre insb. Controlling* der Westfälischen Wilhelms-Universität Münster fortsetzen zu dürfen.

Ein ganz persönliches Dankeschön möchte ich an die Menschen richten, die mir den Rückhalt in allen privaten und beruflichen Belangen geben. Ohne ihren Einsatz, ihre Zuneigung und ihr Verständnis wären das Gelingen der Diplomarbeit sowie die Bewältigung der sonstigen Herausforderungen in meinem Leben unmöglich gewesen.

Zunächst sind hier meine Eltern ORTRUD und UMBERTO RADDAO, sowie mein Bruder RICO zu nennen, die immer für mich da sind und deren selbstloser Hilfe ich mir – vor allem in schwierigen Zeiten – sicher sein kann. Für die besondere Fürsorge in Kinder- und Jugendtagen danke ich meiner leider schwer erkrankten Großmutter ANNA RÖNNAU und meinem Großvater HELMUT RÖNNAU. Für die Unterstützung aus der Ferne gilt mein Dank meinen bedauerlicherweise bereits verstorbenen Großeltern GIACOMA und GAETANO RADDAO. Zum Abschluss möchte ich mich ganz besonders herzlich bei meiner Freundin MIRANDA PELLICCIOTTA bedanken. Unsere Beziehung war durch den fordernden Bankalltag in Kombination mit dem mehrjährigen Abend- und Wochenendstudium an der *FHDW* einer Vielzahl von Entbehrungen ausgesetzt. MIRANDAS bedingungsloses Verständnis, ihre permanente Unterstützung und ihre Liebe ebneten in dieser Zeit jeden noch so steinigen Weg. Ich hoffe, ihr dies in der Zukunft stets zurückgeben zu können. Die vorliegende Monographie widme ich daher ihr und meiner Familie.

Düsseldorf, im Juli 2008   *Nino Raddao*

Inhaltsverzeichnis

Abbildungsverzeichnis

Tabellenverzeichnis

Abkürzungsverzeichnis

AG	Aktiengesellschaft
BMS	BMS Consulting GmbH
BVR	Bundesverband der deutschen Volksbanken und Raiffeisenbanken
CIR	Cost-Income-Ratio, Aufwandsrentabilität
DIN	Deutsches Institut für Normung
DSGV	Deutscher Sparkassen- und Giroverband
EN	Europäische Norm
GenG	Genossenschaftsgesetz
IfM Bonn	Institut für Mittelstandsforschung Bonn
ISO	International Standardization Organization
KWG	Kreditwesengesetz
ROE	Return on Equity, Eigenkapitalrentabilität
SB	Selbstbedienung
SGE	Strategische Geschäftseinheit
USP	Unique Selling Proposition

1 Einleitung

1.1 Problemstellung

Ansätze zur *Kundensegmentierung* erfreuen sich im Bankwesen schon seit geraumer Zeit einer regen Anwendung.[1] Allerdings handelt es sich bei den gängigen Verfahren, um eine eher grobe Klassifizierung des Kundenportfolios einer Geschäftseinheit, die einen eher strategischen Charakter aufweist. Zudem existieren nur wenige, speziell für das Firmenkundengeschäft entwickelte Modelle.

Für eine differenzierte Marktbearbeitung reicht eine solche Grobeinteilung jedoch nicht aus. Vielmehr müssen die Vertriebsressourcen so gesteuert werden, dass insgesamt eine angemessene Rentabilität des Firmenkundengeschäftes gewährleistet wird.

Bei einem solchen rational-ökonomischen Ansatz darf jedoch nicht vergessen werden, dass eine partnerschaftliche *Kunde-Bank-Beziehung* die Grundlage des Vertriebserfolges darstellt. In diesem Zusammenhang hat der Begriff der *Kundenbindung* in den letzten Jahren an Bedeutung gewonnen.[2] Diese Entwicklung ist auch auf den sich zunehmend verschärfenden Wettbewerb im Firmenkundengeschäft zurückzuführen.

Empirische Studien weisen sowohl der *Kundenbindung* als auch einer detaillierten *Kundensegmentierung* einen entscheidenden Einfluss auf den Vertriebserfolg nach.[3] Problematisch erscheint allerdings die Verknüpfung dieser beiden – auf den ersten Blick konfliktär – erscheinenden Erfolgsfaktoren.

Um einen nachhaltigen Wettbewerbsvorteil zu erlangen ist zudem eine genaue Kenntnis der Kundenanforderungen erforderlich. Die Analyse der Anforderungsstruktur stellt dabei die Grundlage einer bedarfsorientierten Ausgestaltung des Leistungsportfolios dar.

1.2 Zielsetzung der Arbeit

In der vorliegenden Arbeit soll am Beispiel der Genossenschaftsbanken, die Entwicklung eines *potenzialorientierten Segmentierungsansatzes* vorgestellt werden, der als Ausgangspunkt eines *integrierten Vertriebsmanagements* verstanden werden kann, indem eine optimale Verzahnung aller relevanten Instrumente erreicht wird. Die Fokussierung auf eine Bankengruppe erfolgt dabei, da es sinnvoll und notwendig erscheint bei einer detaillierten Kundenklassifizierung bankengruppenspezifische Besonderheiten zu berücksichtigen. Hier sind insbesondere Rahmenparameter, wie die grundsätzliche *strategische Ausrichtung*, die *Vertriebs- und Betreuungskonzeption*

---

[1]   Vgl. Bufka, Jürgen / Eichelmann, Thomas (2002), S. 125
[2]   Vgl. u.a. Bruhn, Manfred / Homburg, Christian (2005), S. 5 f.
[3]   Vgl. Käser, Burkhard et al. (2004), S. 12 f.

sowie der *Beratungsansatz* zu nennen. Das zu entwickelnde Verfahren soll allerdings hinreichend flexibel und adjustierbar sein, damit auch institutsindividuelle Spezifika einfließen können.

Parallel erfolgt eine Analyse der *Anforderungsstruktur* im Firmenkundengeschäft, um daraus überblicksartig erste Implikationen zur Optimierung des Leistungsportfolios abzuleiten. Es soll dabei auch erklärt werden, inwiefern die Segmentierungsergebnisse hier sinnvoll einfließen können.

1.3 Gang der Analyse

Um die sich ergebenden Schnittstellen adäquat zu würdigen, wurden die zu untersuchenden Sachverhalte bewusst einer umfassenden, den Gesamtkontext berücksichtigenden Analyse unterzogen werden. Abbildung 1 veranschaulicht die Vorgehensweise:

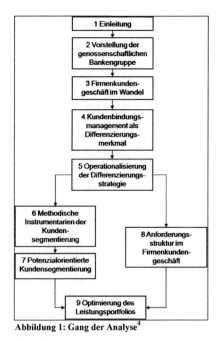

Abbildung 1: Gang der Analyse[4]

---

[4]   Eigene Darstellung

Nachdem in diesem ersten Kapitel die grundsätzliche Notwendigkeit einer differenzierten Kundensegmentierung aufgezeigt und auf die Wichtigkeit ihrer umfassenden
Integration hingewiesen wurde, soll in Kapitel 2 eine kurze Vorstellung der genossenschaftlichen Bankengruppe erfolgen, so dass die spezifischen Charakteristika im weiteren Verlauf konzeptionell berücksichtigt werden können.

Im dritten Kapitel werden nach einer überblicksartigen Darstellung der Marktstruktur,
die Wettbewerbsbedingungen im Firmenkundegeschäft und die Notwendigkeit zur
Differenzierung erörtert, um im vierten Kapitel das *Kundenbindungsmanagement* als
geeignete Differenzierungsstrategie herauszuarbeiten. Wie sich zeigen wird, kann
diese in Kapitel 5 durch den *ganzheitlichen Betreuungsansatz* operationalisiert werden.
Dabei ist neben der Bedarfssituation auch die Ertrags- und Ressourcensituation der
Firmenkunden zu berücksichtigen.

Um dies zu erreichen wird im siebten Kapitel – nach der Diskussion einiger methodischer Ansätze zur Segmentierung eines Kundenportfolios in Kapitel 6 – ein Segmen-
tierungsverfahren entwickelt werden, welches einerseits eine Differenzierung ermöglicht und andererseits eine angemessene Rentabilität und einen effizienten Ressourceneinsatz gewährleistet.

Kapitel 8 befasst sich mit der Auswertung der empirischen Analyse zur Anforderungsstruktur im Firmenkundengeschäft. Diese dient zur Intensivierung der Differenzierungswirkung im Zuge eines gezielten, an den Kundenanforderungen ausgerichteten
Einsatzes des Leistungsportfolios.

Im neunten Kapitel der vorliegenden Arbeit sollen die gewonnen Erkenntnisse dazu
genutzt werden, überblicksartig erste Implikationen zur Optimierung des Leistungsportfolios abzuleiten. Dies bezieht sich nicht nur auf das angebotene Produktportfolio,
sondern vielmehr auf die gesamte Betreuungsleistung. Die Arbeit endet mit einem ab-
schließenden Gesamtfazit.

2 Vorstellung der genossenschaftlichen Bankengruppe

2.1 Die genossenschaftliche Bankengruppe im Profil

Der genossenschaftliche Bankensektor ist in einem Finanzverbund organisiert. Dieser besteht aus einem Vertriebsnetz von 1.390 Primärbanken[5], zwei Spitzeninstituten[6], diversen – auf bestimmte Finanzdienstleistungen spezialisierten – Verbundunternehmen[7], sowie Technik- und IT-Dienstleistern[8].

Die Volks- und Raiffeisenbanken sind Allfinanzunternehmen, die über den genossenschaftlichen *FinanzVerbund* mit einem universellen Leistungsangebot am Markt präsent sind. Zwei wesentliche Charakteristika des Genossenschaftssektors sind in der dezentralen Organisation und der Subsidiarität zu sehen[9]. Durch die autonom agierenden und rechtlich selbständigen Primärbanken wird eine starke regionale Präsenz und Kundennähe erreicht.

Insgesamt werden rund 30 Millionen Privat- und Firmenkunden betreut. Davon sind 15,7 Millionen als Mitglieder zugleich Miteigentümer, Kapitalgeber und Gewinnbeteiligte ihrer Primärbank. Neben ökonomischen Zielen ist die Förderung der Mitglieder das Kernziel der Genossenschaftsbanken.[10]

Die Interessen der genossenschaftlichen Bankengruppe werden auf nationaler Ebene vom *Bundesverband der Deutschen Volksbanken und Raiffeisenbanken e.V.* – kurz *BVR* – vertreten. Zusätzlich zu seiner repräsentativen Funktion besteht die Hauptaufgabe in der Koordination und Entwicklung einer gemeinschaftlichen Strategie der Volks- und Raiffeisenbanken.[11] Neben dem *BVR* als Spitzenverband existieren noch sieben Regionalverbände.[12]

---

[5]   Die 1390 Primärbanken betreiben national ca. 14.000 Bankstellen, vgl. BVR (2006a).
[6]   Bei den Kopfinstituten des Genossenschaftssektors handelt es sich um *DZ BANK AG* in Frankfurt am Main und die *WGZ-Bank AG Westdeutsche Genossenschafts-Zentralbank* in Düsseldorf, vgl. BVR (2006b).
[7]   Zu den Verbundunternehmen, die banknahe Finanzdienstleistungen anbieten, gehören z.B. die *R+V Versicherung AG* in Wiesbaden und die *VR-LEASING AG* in Eschborn, vgl. BVR (2006c).
[8]   Als wichtigste Vertreter sind hier die genossenschaftlichen Rechenzentren, die *GAD eG Gesellschaft für automatische Datenverarbeitung* in Münster und die *FIDUCIA IT AG* in Karlsruhe, vgl. BVR (2006c).
[9]   Im genossenschaftlichen *FinanzVerbund* übernimmt nach dem Subsidiaritätsprinzip die organisatorisch höher angesiedelte Ebene (Zentralbank, Verbundpartner) nur Aufgaben, welche die niedrige (Primärbank) nicht oder nicht ausreichend erfüllen kann (z.B. aufgrund regulatorischer Restriktionen), vgl. Strauß, Marc-R. (2006), S. 25 f..
[10] Vgl. § 1 GenG
[11] Vgl. BVR (2006d)
[12] Vgl. BVR (2006b)

2.2 Strategische Ausrichtung im Firmenkundengeschäft

Unter dem Titel „*Bündelung der Kräfte*" hat der *BVR* im Jahr 2001 eine Strategie für eine nachhaltig erfolgreiche Marktbearbeitung und Wettbewerbsdifferenzierung verabschiedet.[13] Aus dem in sieben Teilprojekte untergliederten Großprojekt, ist das Firmenkundengeschäft insbesondere von den folgenden Anforderungen tangiert:

- Segmentierung der Firmenkunden
- Implementierung einer ganzheitlichen Vertriebs- und Betreuungskonzeption
- Straffung, Standardisierung und Weiterentwicklung der Produktpalette
- Integration des Firmenkundengeschäftes in eine Vertriebswegestrategie[14]

Aufgrund der besonderen Bedeutung der beiden erstgenannten Handlungsfelder soll auf diese gesondert eingegangen werden.

Der *BVR* hat bereits mit dem Teilprojekt „*Segmentierung der Kunden der Volksbanken und Raiffeisenbanken*" die Wichtigkeit einer systematischen Kundensegmentierung erkannt. Dabei steht jedoch zunächst lediglich eine grobe Aufteilung der strategischen Geschäftseinheit Firmenkunden nach dem Firmenumsatz im Vordergrund. Diese orientiert sich – wie in Tabelle 1 dargestellt – an der Einteilung der Ratingklassen im Kontext des *BVR-II-Rating*[15].

Segment	Umsatz
Gewerbekunden / Freiberufler	bis 350 T€
Mittelstand	bis 5.000 T€
Oberer Mittelstand	bis 1 Mrd. €
Große Firmenkunden	über 1 Mrd. €

Tabelle 1: Segmentzuordnung in der Firmenkundenbetreuung gem. BVR[16]

Als mögliche Erweiterung dieser groben Klassifizierung wird die zusätzliche Aufnahme der Merkmale *Aktivvolumen* und *Deckungsbeitrag* vorgeschlagen.[17] Der *BVR* fordert zudem eine darüber hinausgehende Informationsveredelung und eine segmentspezifische Ausgestaltung der Beratungs- und Betreuungsleistung.[18] Dieser kundenorientierten Segmentierungsausrichtung wird in der vorliegenden Arbeit gefolgt. Der Zuschnitt des zu entwickelnden Segmentierungsansatzes erfolgt insofern unter Berücksichtigung sämtlicher bankengruppenspezifischer Anforderungen. Deren

---

[13] Vgl. Krüger, Markus (2002), S. 10
[14] Vgl. BVR (2001), S. 11 ff.
[15] Es handelt sich hierbei um ein bankinternes Rating-Verfahren zu Bonitätseinstufung gewerblicher Kreditnehmer. Vgl. für einen Überblick beispielsweise Klingbeil, Ernst / Yousefian, Patrick (2002), S. 28 f. oder Nowak, Helge (2003), S. 22 ff.
[16] Vgl. BVR (2004), S. 1
[17] Vgl. BVR (2004), S. 6 f.
[18] Vgl. BVR (2004), S. 14 f.

Operationalisierung soll dabei auf der verbandsseitig vorgeschlagenen Grobsegmentierung aufsetzen.

Das Kernstück der Vertriebs- und Betreuungskonzeption im Firmenkundengeschäft der Genossenschaftsbanken stellt der *VR-Finanzplan Mittelstand* dar.[19] Es handelt sich dabei um einen Marktbearbeitungsansatz, der die ganzheitliche, bedarfsorientierte und strukturierte Beratung in den Mittelpunkt der Kundeninteraktion stellt. Der Fokus liegt dabei auf einer qualitativen Wettbewerbsdifferenzierung und einer Verbesserung der Marktdurchdringung.[20] Abbildung 2 veranschaulicht die strategische Stoßrichtung des Konzeptes:

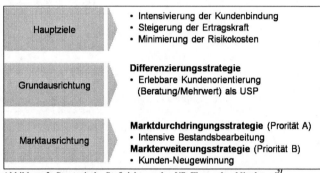

Abbildung 2: Strategische Stoßrichtung des *VR-Finanzplan Mittelstand*[21]

Im weiteren Verlauf dieser Arbeit werden unterschiedliche Elemente des *VR-Finanzplan Mittelstand* aufgegriffen, teilweise vertieft und in die konzeptionellen Überlegungen einbezogen.

---

[19] Vgl. Dehne, Thorsten / Zimmermann, Yvonne, S. 18
[20] Vgl. BVR (2006e), S. 13. Mit der Markerweiterungsstrategie durch Neukundengewinnung existiert eine weitere, sekundäre Zielrichtung, die aber nicht im Fokus dieser Arbeit steht und daher hier nicht vertiefend behandelt wird.
[21] Vgl. BVR (2006e), S. 13

3 Firmenkundengeschäft im Wandel

3.1 Wettbewerbsposition genossenschaftlicher Kreditinstitute

Sowohl die deutschen Kreditinstitute als auch deren Kunden erleben derzeit einen tiefgreifenden, anhaltenden Wandel. Als Auslöser dieses Veränderungsprozesses können beispielhaft die Globalisierung oder die rasante Entwicklung der Informations- und Kommunikationstechnologie angeführt werden.[22]

Um die Positionierung der Genossenschaftsbanken transparent zu machen, soll nach einer knappen Darstellung der Struktur des deutschen Bankensektors auf die Wettbewerbssituation im strategischen Geschäftsfeld *Firmenkunden* eingegangen werden.

3.1.1 Marktstruktur

Die deutschen Genossenschaftsbanken sind den Universalbanken[23] zuzuordnen. Neben den Kreditgenossenschaften gehören auch die öffentlich-rechtlichen Sparkassen und die Kreditbanken dieser Gruppe an.

Analog zur genossenschaftlichen Organisation sind auch die Sparkassen in einem Finanzverbund organisiert.[24] Das wesentliche Unterscheidungsmerkmal ist in der Trägerschaft der beiden Institutsgruppen zu sehen. Während die Sparkassen und Landesbanken (mehrheitlich) in öffentlichem Besitz stehen, sind die Kreditgenossenschaften Eigentum ihrer Mitglieder (i.d.R. Privatpersonen und Unternehmen) und somit der Privatwirtschaft zuzuordnen.

Zu den Kreditbanken gehören die Großbanken (*Deutsche Bank AG, Dresdner Bank AG, Commerzbank AG, HypoVereinsbank AG, Postbank AG*), die Regional- und Privatbanken, sowie Zweigniederlassungen ausländischer Kreditinstitute.

---

[22]   Vgl. Steffens, Udo (2002), S. 79

[23]   Universalbanken führen die Mehrzahl der in § 1 KWG aufgeführten Bankgeschäfte durch. Neben den Universalkreditinstituten existieren noch Spezialkreditinstitute, welche sich auf einzelne der im Gesetz genannten Bereiche fokussieren; vgl. Hartmann-Wendels, Thomas et al. (2007), S. 30. Das Firmenkundengeschäft gehört bei den Spezialinstituten nicht zum Kerngeschäft, daher bleiben diese im weiteren Verlauf der Arbeit unberücksichtigt.

[24]   Dieser gliedert sich – wie auch in der genossenschaftlichen Bankengruppe – in regional orientierte Primärinstitute mit direktem Kontakt zum Endkunden (Privatkunde, Firmenkunde, etc.), in die Primärbanken unterstützende Spitzeninstitute und diverse Verbundunternehmen, welche banknahe Finanzdienstleistungen anbieten. Zum Ende des Jahres 2005 zählte der Sparkassensektor 463 Primärinstitute mit über 16.000 Geschäftsstellen, vgl. DSGV (2006a). Als Spitzeninstitute fungierten elf Landesbanken, vgl. DSGV (2006b).

Die Großbanken sind – unter Einbindung von Tochtergesellschaften und anderweitiger Kooperationspartner – ebenfalls mit einem umfassenden Portfolio an Finanzdienstleistungen am Markt vertreten und i.d.R. auch international aktiv. Die Regional- und Privatbanken haben sich hingegen zumeist auf komplexe Beratungsdienstleistungen (Mergers & Acquisitions, Vermögensverwaltung, Auslandsgeschäft, etc.)[25] spezialisiert.

3.1.2 Wettbewerbssituation im Firmenkundengeschäft

Die Analyse der Wettbewerbsstruktur orientiert sich an der Methodik von PORTER, nach dem die fünf *Wettbewerbskräfte*
· Rivalität unter den vorhandenen Wettbewerbern
· Markteintritt neuer Konkurrenten
· Gefahr durch Ersatzdienstleistungen
· Verhandlungsstärke der Abnehmer
· Verhandlungsstärke der Lieferanten

die Branchenrentabilität bestimmen.[26] Die genaue Kenntnis dieser Wettbewerbsregeln bildet die Basis zur Entwicklung einer Wettbewerbsstrategie und ist Grundlage der Erringung von Wettbewerbsvorteilen.

Rivalität

Das Engagement der genannten Bankengruppen im Firmenkundengeschäft differiert. So fühlen sich die genossenschaftlichen Kreditinstitute in besonderer Weise dem Mittelstand verpflichtet[27]. Auch die Sparkassen haben in der Firmenkundenbank schwerpunktmäßig mittelständische Unternehmen im Fokus.[28] Im Gegensatz dazu ist das Geschäft der Groß- und Privatbanken, sowie der ausländischen Kreditinstitute traditionell auf Großkunden und Konzerne ausgerichtet. Hier zeichnet sich allerdings seit geraumer Zeit ein Strategiewechsel in der Weise ab, dass der Mittelstand zunehmend als attraktives Marktsegment wiederentdeckt wird.[29]

---

[25] Vgl. Strauß, Marc-R. (2006), S. 24
[26] Vgl. Porter, Michael E. (2000), S. 29
[27] Vgl. BVR (2006a). Zur Abgrenzung des Mittelstandsbegriffs sollen in dieser Arbeit die quanti-tative Abgrenzung des *IfM Bonn* in Anhang 1, sowie die Ausführungen von Günterberg, Brigitte / Wolters, Hans-Jürgen (2002) herangezogen werden.
[28] Vgl. Lambert, Martin (2002), S. 104 ff.
[29] Vgl. u.a. Bastian, Nicole / Müller, Oliver (2005), S.17, Köhler, Peter / Potthoff, Christian (2005), S. 29 oder o.V. (2005), S. 4

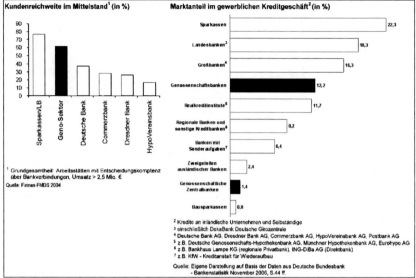

Abbildung 3: Kundenreichweite und Marktanteile im deutschen Firmenkundengeschäft

Wie Abbildung 3 beispielhaft am gewerblichen Kreditgeschäft zeigt liegt der Marktanteil der Kreditgenossenschaften inklusive der Spitzeninstitute per November 2006 bei 13,6%. Bei einer Kundenreichweite von knapp über 60% impliziert dies eine unzureichende Marktdurchdringung. Es sei jedoch angemerkt, dass die Genossenschaftsbanken z.b. im Bereich der Langfristdarlehen oft als Vermittler innerhalb des Finanzverbundes (z.B. an Hypothekenbanken, wie die *Münchener Hypothekenbank AG*) agieren. Insofern kann davon ausgegangen werden, dass es sich bei Teilen der Positionen *„Realkreditinstitute"* und *„Banken mit Sonderaufgaben"* (u.a. Vermittlung von Förderkrediten), um durch Kreditgenossenschaften vermitteltes Geschäftsvolumen handelt.

Aufgrund der homogenen Strukturen und der regionalen Dichte können die Sparkassen als Hauptwettbewerber der genossenschaftlichen Institute identifiziert werden. Im mittelständischen Firmenkundengeschäft gilt es zudem dem verstärkten Wettbewerb durch Großbanken und ausländischen Kreditinstitute zu begegnen. Insgesamt ist die Wettbewerbsintensität jedoch als gemäßigt zu bezeichnen, zukünftig muss jedoch – u.a. aufgrund des fortwährenden Konzentrationsprozesses – mit einer Rivalitätsverschärfung gerechnet werden.[30]

---

[30]   Vgl. Steffens, Udo (2002), S. 89

Markteintritt neuer Konkurrenten

Da die Markteintrittsbarrieren im Bankensektor aufgrund bankaufsichtsrechtlicher Bestimmungen oder auch aufgrund von *economies of scale*[31] und *learning-curve effects*[32] als relativ hoch zu bezeichnen sind, konzentriert sich die Gefahr potenzieller Neuanbieter im wesentlichen auf den Markteintritt ausländischer Kreditinstitute und Finanzkonzerne.[33] Es ist wahrscheinlich, dass ein solcher Einstieg in das Firmenkundengeschäft über Akquisitionen oder Fusionen verläuft.[34] Die Bedrohung ist dabei nicht auf die Genossenschaftsbanken beschränkt, sondern erfasst auch deren Verbundpartner. So bietet beispielsweise die *Fortis Bank*[35] Forderungsmanagement-Lösungen an und tritt somit u.a. in Konkurrenz zur *VR FACTOREM GmbH*[36].

Eine weitaus größere Gefahr für regional operierende Banken stellt die bereits beschriebene Neuorientierung der Groß- und Privatbanken dar. Gegen diese wirkt die Kundenbindung als entscheidende Eintrittsbarriere in den Regionalmarkt. Besonders im beratungsintensiven mittelständischen Firmenkundengeschäft besteht häufig eine enge Bindung an die Hausbank.[37]

In der Firmenkundenbetreuung darf neben der betrieblichen auch die private Sphäre (Privatsituation des Unternehmers) nicht außer Acht gelassen werden.[38] Im Privatkundengeschäft sind in den letzten Jahren vor allem Automobil- und Direktbanken als Mitbewerber hinzugekommen.[39] In diesem Zusammenhang wird sich zeigen, dass die *ganzheitliche Betreuung* einen entscheidenden Ansatz darstellt, um sich gezielt von derartigen Konkurrenzinstituten abzugrenzen.[40]

Gefahr durch Ersatzdienstleistungen

Als Substitute von Finanzdienstleistungen sind solche branchenfremden Dienstleistungen zu verstehen, die die gleichen Bedürfnisse befriedigen, wie die brancheneigenen.[41] Die Substituierbarkeit ist aufgrund der Verbundorganisation lediglich als periphere Bedrohung für die Kreditgenossenschaften einzuschätzen. So werden z.B. innovative Finanzierungsformen, wie Beteiligungsfinanzierungen über Mezzanine-Kapital als Alternative zur herkömmlichen Unternehmensfinanzierung über den

---

[31] Betriebsgrößenvorteile, z.B. Fixkostendegression; vgl. u.a. Meffert, Heribert (2000), S. 250
[32] Erfahrungskurveneffekte, durch die gezielte Nutzung von gesammelten Erfahrungen zur Kostenreduktion; vgl. Meffert, Heribert (2000), S. 251
[33] Vgl. Börner, Christoph J. (2005), S. 57
[34] Vgl. Steffens, Udo (2002), S. 85
[35] Fortis Bank (2006)
[36] Leistungsangebot u.a. Factoring und Debitorenmanagement; vgl. VR FACTOREM GmbH (2006)
[37] Zu den Erfolgsfaktoren einer engen Kundenbindung vgl. Kapitel 4.2.
[38] Vgl. u.a. BVR (2006e), S. 13
[39] Vgl. Paul, Stephan (2002), S. 33
[40] Vgl. Kapitel 5.1.1
[41] Die Ausführungen von PORTER wurden hier auf den Bankensektor übertragen; vgl. Porter, Michael E. (1999), S. 56 f.

genossenschaftlichen Finanzverbund angeboten.[42] Insofern wird eine Abschirmung vor Substitutionen dadurch erreicht, dass der Verbund durch eine Erweiterung des Leistungsportfolios selbst als Anbieter auftritt. Dies hat jedoch einen verbundinternen Wettbewerb zur Folge.

Verhandlungsstärke der Abnehmer

Die Verhandlungsmacht der Firmenkunden hat sich in den letzten Jahren deutlich erhöht, was u.a. in rückläufigen Zinsmargen zum Ausdruck kommt (vgl. Abbildung 4).[43] Ursachen sind beispielsweise in einer erhöhten Markttransparenz, einem verändertem Preis- und Qualitätsbewusstsein und einer veränderten Anforderungsstruktur[44] zu suchen.

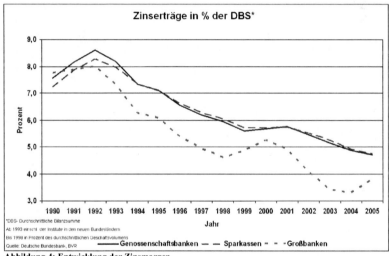

Abbildung 4: Entwicklung der Zinsmargen

---

[42]   Beteiligungsfinanzierungen werden im Verbund z.B. über die *VR-Mittelstandskapital Unternehmensbeteiligungs AG* offeriert.
[43]   Vgl. Schmoll, Anton (2006), S. 16
[44]   Im Rahmen der empirischen Analyse in Kapitel 8, wird die Anforderungsstruktur im Firmenkundengeschäft unter Einsatz multivariater Analyseverfahren untersucht.

Verhandlungsstärke der Lieferanten

Der Wettbewerbsfaktor *Verhandlungsstärke der Lieferanten* ist auf das Dienstleistungsportfolio bezogen als gering einzuschätzen, da Finanzdienstleistungen i.d.R. im Rahmen von verbund- bzw. konzerninternen Kooperationen angeboten werden. STEFFENS sieht die Lieferantenmacht im Bankenbereich daher vornehmlich bei den Mitarbeitern, die in konjunkturellen Hochphasen, Knappheitsgehälter realisieren können.[45]

3.1.3 Kundenstruktur im Firmenkundengeschäft

Da in dieser Arbeit die genossenschaftlichen Kreditinstitute im Fokus der Betrachtung stehen, beziehen sich die weiteren Ausführungen auf die wesentliche Kundengruppe, die kleinen und mittleren Unternehmen (KMU).[46]

Die Kundenstruktur im Firmenkundengeschäft von Banken ist als äußerst heterogen zu bezeichnen. Die Verschiedenheit ist u.a. durch unterschiedliche Unternehmensgröße, Branchenzugehörigkeit und Bedarfslage gekennzeichnet.[47] Anhang 2 zeigt die beispielhafte Verteilung nach Sektoren im Firmenkundengeschäft von Genossenschaftsbanken.

Im Folgenden sollen kurz Veränderungsprozesse skizziert werden, mit denen eine Vielzahl der Firmenkunden konfrontiert sind, um daraus Implikationen für das Bankgeschäft abzuleiten.

In vielen Branchen eröffnen sich durch die Globalisierung neue Absatzmärkte. Dies bedeutet auf der einen Seite zusätzliches Ertragspotenzial, auf der anderen Seite jedoch auch einen verschärften internationalen Wettbewerb.[48] Durch die EU-Osterweiterung ergaben sich – neben der Vergrößerung der Marktdimension – für den Mittelstand erstmals Möglichkeiten Kostenvorteile in einem internationalen Rahmen durch *Outsourcing* oder *Offshoring* zu erzielen.[49] Eine Gefahr birgt in diesem Zusammenhang jedoch der Wegzug von Großkunden. Abbildung 5 zeigt die Triebkräfte der Internationalisierung des Mittelstandes und mögliche Reaktionen:

---

[45]   Steffens, Udo (2002), S. 88

[46]   Zur Abgrenzung des Mittelstandsbegriffs sollen in dieser Arbeit die quantitative Abgrenzung des *IfM Bonn* in Anhang 1, sowie die Ausführungen von Günterberg, Brigitte / Wolters, Hans-Jürgen (2002) herangezogen werden.

[47]   Vgl. Schmoll, Anton (2006), S. 62

[48]   Vgl. Schmoll, Anton (2006), S. 13

[49]   Vgl. Brenken, Anke (2006), S. 10 f.; „Die Begriffe *Outsourcing* und *Offshoring* werden uneinheitlich verwendet." Im Rahmen dieser Arbeit soll unter *Outsourcing* „die Aufgabe der eigenen Herstellung von Vorprodukten zugunsten des Kaufs bei Zulieferern" und unter *Offshoring* „die Verlagerung der Produktion in firmeneigene Niederlassungen, die im Ausland errichtet wurden", verstanden werden; Brenken, Anke (2006), S. 10

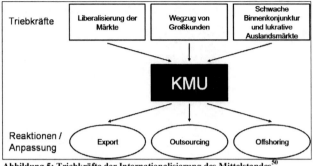

Abbildung 5: Triebkräfte der Internationalisierung des Mittelstandes[50]

Firmenkunden sind zudem oft gezwungen mit dem technologischen Wandel Schritt zu halten, um die Anforderungen ihrer Kunden oder auch Qualitätsnormen zu erfüllen.[51] Des Weiteren werden Unternehmen im Rahmen der Kreditfinanzierung aufgrund der Vorgaben von *Basel II*[52] zu einem aktiven und offenen *Ratingdialog* angehalten.[53]

Um diese Herausforderungen bewältigen zu können, entstehen auch neue Anforderungen gegenüber dem Bankensektor.[54] So erhöht sich mit zunehmender Komplexität auch der Anspruch an die Zusammenarbeit. Die Unternehmen sind auf der Suche nach professionellen Partnern, die sie auf Ihrem Weg unterstützen. Für das Firmenkundengeschäft ergeben sich aus dieser Situation neue Chancen, wenn es gelingt die Betreuung auf die Unternehmensgröße, Branchenzughörigkeit und Anforderungsstruktur passgenau abzustimmen.[55] Dabei stellt die Intensivierung des *Kundenbindungsmanagements* einen entscheidenden Erfolgsfaktor dar.[56]

---

[50] Vgl. Brenken, Anke (2006), S. 7
[51] Vgl. Schmoll, Anton (2006), S. 13
[52] Bei Basel II handelt es sich um Kapitaladäquanzrichtlinie, deren zentrales Element eine nach Risiko gestaffelte Eigenkapitalunterlegung bei der Kreditvergabe von Banken ist. Für weitere Erläuterungen vgl. u.a. Taistra, Gregor (2003), S. 1 f.
[53] Vgl. Taistra, Gregor (2004), S. 18 ff.
[54] Zur Strukturierung dieser Anforderungen, vgl. Kapitel 4.2.2.
[55] Zur Ausprägung der Kundenanforderungen und den Implikationen für das Leistungsportfolio vgl. die empirische Analyse in Kapitel 8 und die Optimierungsvorschläge in Kapitel 9
[56] Vgl. Kapitel 4.2.3

3.1.4 SWOT-Analyse[57] für das genossenschaftliche Firmenkundengeschäft

Die vorhergehenden Ausführungen werden nun zusammengefasst und um einige weitere Aspekte ergänzt, um im Rahmen einer *SWOT-Analyse* die spezifische Ausgangssituation für das Firmenkundengeschäft der genossenschaftlichen Bankengruppe herauszustellen. Dabei wurden diejenigen Chancen und Risiken, welche in der vorliegenden Arbeit genauer betrachtet bzw. durch ihre Ergebnisse direkt oder indirekt beeinflusst werden, im Schriftschnitt *„kursiv"* hervorgehoben und mit einem Querverweis versehen.

Stärken	Schwächen
▶ Regionale Nähe, Markt und Kundenkenntnis ▶ Markt- und wettbewerbsfähige Leistungsportfolio durch genossenschaftlichen *FinanzVerbund* ▶ Imagevorteile gegenüber Mitbewerbern	▶ Unterentwickelte Vertriebskultur, -ausrichtung und -steuerung ▶ Schwache Potenzialausschöpfung, z.B. ungenügendes Cross-Selling ▶ Zu starke Kapazitätsbindung in potenzialschwachen Segmenten ▶ Unzureichende Risikoprävention ▶ Fokussierung auf Kreditrisiken erschwert aktives Neugeschäft
Chancen	Risiken
▶ *Vertriebliche Nutzung des Firmenkundenpotenzials* → **Kundensegmentierung als Basis einer verbesserten Potenzialausschöpfung (s. Kapitel 7)** ▶ *Unternehmer auch als Privatkunden beraten* → **Ganzheitliche Firmenkundenbetreuung (s. Kapitel 5)** ▶ Nutzung der Kundenreichweite zur Geschäftsintensivierung	▶ *Unrentables Firmenkundengeschäft durch mangelnde Ertragsausschöpfung* → **Gegensteuerung durch ganzheitlichen Betreuungsansatz (s. Kapitel 5) und Potenzialkomponente in der Kundensegmentierung (s. Kapitel 7)** ▶ *Produktivitätsverlust durch unklare Prozessstrukturen* → **Segmentspezifische Ressourcensteuerung (s. Kapitel 9)** ▶ *Negative Kompetenzvermutung im gehobenen Firmenkundengeschäft* → **Für Lösungsvorschläge s. Kapitel 9** ▶ Restriktive Kreditvergabe wegen negativer Erfahrungen in der Vergangenheit

Abbildung 6: SWOT-Analyse für das genossenschaftliche Firmenkundengeschäft [58]

---

[57] Die *SWOT-Analyse* (*Strenghts, Weaknesses, Opportunities, Threats*) ist ein strategisches Instrument zur Untersuchung von Stärken, Schwächen, Chancen und Risiken einer Unternehmung, vgl. Bruhn, Manfred / Meffert, Heribert (2006), S. 167

[58] Zusammengestellt und angepasst aus Kapitel 3.1.1 bis 3.1.3; sowie Käser, Burkhard et al. (2004), S. 3 f. und S. 27; BVR (2006e), S. 10 ff..

3.2 Notwendigkeit zur Differenzierung im Wettbewerb

3.2.1 Homogenität von Bankprodukten[59]

Das Angebot an Bankprodukten im Firmenkundengeschäft ist von einer starken Homogenität und einer leichten Imitierbarkeit geprägt.[60] Aufgrund der Allfinanz-Ausrichtung der in Kapitel 3.1.1 genannten Bankengruppen ist selbst bei komplexeren, neuartigen Produkten eine verhältnismäßig einfache Nachahmung möglich. Kann ein Konkurrenzinstitut selbst keine Alternativleistung anbieten, wird die Imitation i.d.R. auf Verbund- bzw. Konzernebene erfolgen.

Der Wert, den der Kunde solchen Kernleistungen zuschreibt, resultiert aus der Wahrnehmung des *Preises* und der *Qualität*.[61] Diese beiden Faktoren bilden die zentralen Elemente der PORTERschen Wettbewerbsstrategien. Dabei wird zwischen der *Umfassenden Kostenführerschaft*, der *Differenzierung* und der *Konzentration mit Kosten- oder Differenzierungsschwerpunkt* unterschieden.

Während die Strategie der Kostenführerschaft einen umfassenden Kostenvorsprung innerhalb einer Branche intendiert, welcher sich in günstigen Preisen für den Kunden niederschlägt, kann die Erschaffung eines einzigartigen Angebotes, dass auf einer dem Wettbewerb überlegenen Qualitätsposition beruht, als Ziel der Differenzierungsstrategie verstanden werden.[62] MEFFERT weist in diesem Zusammenhang darauf hin, dass die überlegene Qualitätsposition als „mehrdimensionales Optimierungsproblem" zu interpretieren ist und, dass die Qualitätsbeurteilung „von der Erwartungshaltung, der tatsächlich (subjektiv) erlebten Leistung, von situativen Faktoren, sowie durch den Vergleich mit Konkurrenzprodukten" beeinflusst wird.[63]

Implizierte die am Anfang des Abschnitts dargestellte Gleichartigkeit von Bankleistungen ein geringes Differenzierungspotenzial, entsteht bei Betrachtung des Leistungserstellungsprozesses und unter Berücksichtigung von Mehrwertdienstleistungen, so genannten *Value Added Services,* ein anderes Bild.[64] So spielen im

---

[59] Folgt man einer engen Definition des Dienstleistungsbegriffs, so handelt es sich bei nahezu allen Bankleistungen um Dienstleistungen, da sie folgende Besonderheiten aufweisen: Die *Erforderlichkeit der Leistungsfähigkeit des Anbieters*, die *Integration eines externen Faktors* und die *Immaterialität des Leistungsergebnisses*; vgl. Bruhn, Manfred / Meffert, Heribert (2006), S. 60 ff.. Sowohl in der Bankpraxis als auch in der Literatur, findet der Produktbegriff in Zusammenhang mit Bankleistungen noch häufig Verwendung. In dieser Arbeit soll vereinfachend von *Produkten* gesprochen werden, wenn es sich um *Kernleistungen (Core Services)* im Bankvertrieb – wie z.B. die Geldanlage in Festgeldern oder die Vergabe von Investitionskrediten – handelt; zum Begriff *Kernleistung* vgl. Bruhn, Manfred / Meffert, Heribert (2006), S. 360 f..
[60] Vgl. Börner, Christoph J. (2005), S. 54, sowie Schlosser, Christoph (2004), S. 29
[61] Vgl. Hinterhuber, Hans H. et al. (2006), S. 16 ff.. Zur Erläuterung des Qualitätsbegriffs wird die Definition gem. DIN EN ISO 8402 herangezogen: „Die Gesamtheit von Merkmalen einer Einheit bezüglich ihrer Eignung, festgelegte und vorausgesetzte Erfordernisse zu erfüllen."
[62] Vgl. Porter, Michael E. (1999), S. 71 ff.; sowie die grafische Darstellung in Anhang 3
[63] Meffert, Heribert (2005), S. 155
[64] Vgl. Büschgen, Anja / Büschgen, Hans E. (2002), S. 99 f.

Beratungsgespräch Faktoren wie etwa eine vertrauensgeprägte Geschäftsbeziehung, eine hohe Fach- und Erläuterungskompetenz des Firmenkundenbetreuers, sowie Freundlichkeit eine wichtige Rolle und bieten vielfältige Differenzierungsansätze.[65] Zusatzdienstleistungen wie z.b. ein jährliches Rating- und Bilanzanalysegespräch stellen weitere Abgrenzungsmöglichkeiten dar.

Es ist zu beobachten, dass die Differenzierungsstrategie im Firmenkundengeschäft absolut dominierend ist. Ein umfassender Preiswettbewerb hat faktisch keine Bedeutung,[66] sehr wohl wird jedoch mit „Lockangeboten" gearbeitet um einen Eintritt in den Regionalmarkt zu verschaffen oder Marktanteile zu erhöhen.[67] Der Differenzierungsschwerpunkt ist dabei jedoch sehr unterschiedlich, wie das Positionierungsmodell in Abbildung 7 zeigt:

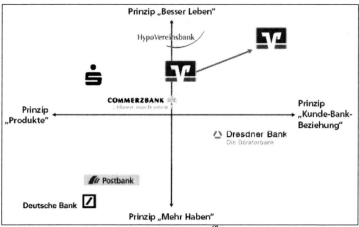

Abbildung 7: Positionierungsmodell deutscher Banken[68]

Der Genossenschaftssektor unternimmt derzeit den Versuch einer Weiterentwicklung der Differenzierungsstrategie und konzentriert sich dabei schwerpunktmäßig auf den Aspekt *Kunde-Bank-Beziehung*. Dieser kundenorientierte Ansatz ist – wie bereits weiter oben erwähnt – auch in der strategischen Ausrichtung der genossenschaftlichen Bankengruppe aufzufinden.

---

[65] Als Ursachen können hier z.B. die Abstraktheit und die Immaterialität der angebotenen Leistungen angeführt werden; vgl. hierzu Börner, Christoph J. (2005), S. 54 f.. Zur Wirkung der genannten Attribute auf die Kundenzufriedenheit und die Kundenbindung, s. Kapitel 8

[66] Im Firmenkundengeschäft kann davon ausgegangen werden, dass der Preis im Regelfall nur einer von mehreren entscheidenden Faktoren ist; vgl. u.a. Büschgen, Hans E. (2000), S. 592.

[67] So werden im Kreditgeschäft bei großen Finanzierungsprojekten häufig bewusst Mindermargen in Kauf genommen, was mit der Hoffnung verbunden ist, diese im weiteren Verlauf der Geschäftsbeziehung durch Folgegeschäfte wieder auszugleichen.

[68] Bookhagen, Bettina (2006), S. 58

3.2.2 Abwanderungsanalyse im Firmenkundengeschäft

Obwohl empirische Untersuchungen gezeigt haben, dass es je nach Branche das 5 bis 15-fache mehr kostet einen neuen Kunden zu akquirieren, als einen bestehenden Kunden zu halten, ist vielfach zu beobachten, dass der strategische Stellenwert der Kundenbindung noch unterschätzt wird.[69] So lieferte eine branchenübergreifende Unternehmensbefragung für die teilnehmenden Finanzdienstleister das folgende, alarmierende Ergebnis:

- 92,3% kennen die Kundenakquisitionskosten nicht,
- 94,9% sind die Kundenbindungskosten nicht bekannt,
- 100% der Befragten können keine Aussage zu den Kundenrückgewinnungskosten treffen.[70]

Diese Zahlen sind jedoch kein Beleg dafür, dass Banken gar kein *Churn Management* betreiben. Es ist vielmehr festzustellen, dass der Grad der Systematisierung und die Intensität der Aktivitäten differieren. Als Grund kann – neben der teilweise zu geringen strategischen Verankerung – das Fehlen oder die suboptimale Nutzung notwendiger Softwareunterstützungen genannt werden.[71] Eine Studie der Unternehmensberatung *Bain & Company* im Privatkundengeschäft europäischer Banken dokumentiert, dass eine gute Performance bei Wachstumshebeln wie dem „Management kritischer Kundeninteraktionen" und einer „Frühzeitigen Neukundenbindung", zu einer niedrigen Abwanderungsrate und überdurchschnittlichen wirtschaftlichen Ergebnissen führt.[72]

Zusammenfassend ist zu konstatieren, dass aufgrund der Homogenität der Kernleistungen, sowie der Zeit- und Kostenintensität von Akquisitions- und Wiedergewinnungsmaßnahmen, die Differenzierung über eine Kundenbindungsstrategie einen entscheidenden Erfolgsfaktor im Firmenkundengeschäft darstellt.

---

[69] Vgl. Werani, Thomas (2006), S. 154, sowie Stahl, Heinz K. (2006), S. 92. STAHL stellt zudem am Beispiel des Kreditkartengeschäftes fest, dass eine zweiprozentige Verringerung der Abwanderungsquote, eine zehn-prozentige Senkung der kundenbezogenen Kosten entspricht.
[70] Vgl. Krafft, Manfred (2007), S. 45. Öffentlich zugängliche Studien zur Abwanderung im Firmenkundengeschäft waren zum Zeitpunkt der Ausarbeitung nicht verfügbar.
[71] Gemeint sind hier sowohl Controlling- als auch *CRM*-Anwendungen.
[72] Vgl. Schieble, Michael et al. (2005), S.11 f.

4 Kundenbindungsmanagement als Differenzierungsmerkmal

Die Ausführungen in Kapitel 3.2 zeigen, dass es aufgrund der Dominanz von Differenzierungsstrategien im Firmenkundengeschäft äußerst schwierig ist, eine erkennbare Abgrenzung vom Wettbewerb zu erreichen. Es bedarf hierzu einer klaren strategischen Positionierung, über deren operative Implementierung ein nachhaltiger Wettbewerbsvorteil erzeugt werden muss.

Die Genossenschaftsbanken konzentrieren sich dabei auf die Kundenbindung, die durch den Aufbau einer einzigartigen Kunde-Bank-Beziehung gestärkt bzw. intensiviert werden soll.[73]

Im Folgenden wird nun zunächst die strategische Wichtigkeit der Kundenbindung erörtert, um danach die wesentlichen Determinanten einer intensiven Kundenbindung zu identifizieren. Zum Abschluss des Kapitels soll, nach einer kurzen begrifflichen Abgrenzung, gezeigt werden, wie durch ein integriertes Kundenbindungsmanagement ein spürbarer Mehrwert für den Firmenkunden entsteht.

4.1 Strategische Bedeutung der Kundenbindung

Da der Begriff der Kundenbindung in der Literatur unterschiedlich verwendet wird, soll zunächst eine Definition gefunden werden, die den Beziehungsaspekt in den Mittelpunkt stellt und auf der die nachfolgenden strategischen Überlegungen aufsetzen können:

Kundenbindung soll demnach in der vorliegenden Arbeit als psychologischer Zustand verstanden werden, der den Grad der Bereitschaft zur Fortsetzung bzw. Intensivierung einer Geschäftsbeziehung angibt.[74]

Die langfristige Kundenbindung hat insbesondere auf engen Märkten mit niedrigen Wachstumsraten, zu denen auch das mittelständische Firmenkundengeschäft zählt, an Bedeutung gewonnen.[75] Betrachtet man lediglich die Ersttransaktion, so ist der Ertragswert des Kunden i.d.R. noch relativ gering. Erst durch Etablierung einer stabilen Geschäftsbeziehung besteht die Möglichkeit das Ertragspotenzial voll auszuschöpfen.[76] Existiert im Rahmen einer solchen Geschäftsbeziehung zusätzlich ein

---

[73]   Zur Verankerung der Kundenorientierung in der strategischen Ausrichtung vgl. Kapitel 2.2.

[74]   Definition in Anlehnung an den *Commitment*-Begriff, vgl. hierzu z.B. Desphandé, Rohit et al. (1992), S. 316; Morgan, Robert M. / Hunt, Shelby D. (1994), S. 23 oder Söllner, Albrecht (1999), S. 219 ff.. Dem sonst auch häufig verwendeten Konzeptualisierungsansatz über die Komponenten „Faktisches Verhalten" und „Verhaltensabsicht" wird hier nicht gefolgt, da dieser streng genommen Ursache (Bindungszustand) und Wirkung (Verhalten / Verhaltensabsicht) gleichsetzt; vgl. zu diesem Ansatz beispielsweise Diller, Hermann (1996), S. 83 oder Bruhn, Manfred (2003), S.104; sowie zur Kritik Eggert, Andreas (2000), S. 121

[75]   Vgl. z.B. Faßnacht, Martin / Homburg, Christian (2001), S. 441

[76]   Vgl. Meffert, Heribert (2005), S. 148

besonderes Vertrauensverhältnis[77], können aufgrund eines intensiven Austausches proprietäre Informationsvorteile entstehen, welche im Wettbewerb nutzbar sind und zu einer verbesserten (Risiko-)Einschätzung des Kunden führen. Außerdem bietet eine enge Kundenbindung die Möglichkeit intertemporaler Ertragsverschiebungen, welche auf Ebene einer Einzeltransaktion einen erhöhten Spielraum in der Konditionsgestaltung und somit eine verbesserte Wettbewerbsposition zur Folge haben.[78]

Wirtschaftlich betrachtet kann eine starke Kundenbindung zu einer erhöhten Preisbereitschaft führen, die die Erzielung einer angemessen Rentabilität der Geschäftsbeziehung erleichtert. Dazu ist es jedoch notwendig, dass der Kunde aufgrund regelmäßiger bankseitiger Normübererfüllungen in der Geschäftsbeziehung einen Mehrwert sieht.[79] Ein weiterer positiver Einfluss kann in der erhöhten Nachfrage nach bisher ungenutzten Bankleistungen (*Cross Buying*-Potenzial) oder einer erhöhten Aufgeschlossenheit gegenüber diesen (*Cross Selling*-Potenzial) gesehen werden. Als weitere Effekte einer intensiven Bindung können exemplarisch Weiterempfehlungen, eine erhöhte Fehlertoleranz, sowie Image- und Bekanntheitssteigerungen angeführt werden.[80]

Die vorstehenden Ausführungen lassen auf einen maßgeblichen Einfluss der Kundenbindung auf den langfristigen Unternehmenserfolg schließen.[81] Um diese Erkenntnis sowohl strategisch als auch operativ nutzbar zu machen, ist es zunächst jedoch erforderlich die Entstehung der Kundenbindung und deren Beeinflussbarkeit einer näheren Betrachtung zu unterziehen.

4.2 Determinanten einer intensiven Kundenbindung

4.2.1 Wirkmodell der Kundenbindung im Firmenkundengeschäft

Zur Erklärung der Einflussgrößen der Kundenbindung soll im Folgenden das Modell von SEGBERS (vgl. Abbildung 8) herangezogen werden, der in einer umfassenden interdisziplinären Analyse die Geschäftsbeziehung zwischen mittelständischen Unternehmen und ihrer Hausbank untersucht hat.[82]

---

[77] Zum Konstrukt des Vertrauens vgl. Kapitel 4.2.3
[78] Vgl. Elsas, Ralf (2001), S. 56 ff.
[79] Vgl. hierzu auch Kapitel 4.2.2
[80] Vgl. Strauß, Marc-R. (2006), S. 162 f.
[81] Der Zusammenhang zwischen Kundenbindung und Unternehmenserfolg ist in der Literatur unbestritten, vgl. hierzu beispielsweise Bruhn, Manfred / Homburg, Christian (2005), S. 17. Offen ist jedoch noch, ob der Zusammenhang als mathematische Funktion abbildbar ist. Es wird inzwischen vermehrt von einer branchenspezifischen, nicht-linearen Interdependenz ausgegangen, vgl. Braunstein, et al. (2006), S. 78.
[82] Da die Arbeit von SEGBERS auf Sekundärmaterial beruht und einige Annahmen noch nicht hinreichend empirisch validiert sind, wird das Modell – soweit die empirische Erhebung des Verfassers in Kapitel 8 nicht zu einer Validierung beitragen kann – einer kritischen Würdigung unterzogen.

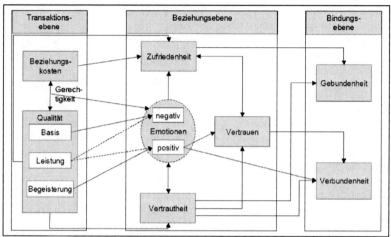

Abbildung 8: Wirkmodell einer Bankbeziehung mittelständischer Unternehmen[83]

Im Rahmen des Wirkmodells ergibt sich aus der Interaktion von Firmenkundenbetreuer und Unternehmensvertreter im Rahmen von Einzeltransaktionen (*Transaktionsebene*), eine daraus abgeleitete kumulierte Bewertung der Geschäftsbeziehung (*Beziehungsebene*).[84] Die Erfüllung der Qualitätsanforderungen wirkt sich dabei direkt oder indirekt (über Emotionen[85]) auf die Konstrukte *Zufriedenheit*, *Vertrautheit* und *Vertrauen* aus. Diese haben wiederum unterschiedlichen Einfluss auf die Kundenbindung. Da die Qualitätsdimensionen, sowie die Entstehung von Zufriedenheit, Vertrautheit und Vertrauen in den nachfolgenden Kapiteln genauer erörtert werden, soll an dieser Stelle die Konzeptualisierung der Kundenbindung erläutert werden.

Diese hat sowohl eine kognitive Dimension in Form von Gebundenheit, als auch eine affektive Dimension in Form von Verbundenheit. Während die Gebundenheit als Zustand einer ökonomisch-rationalen Bindung zu interpretieren ist, basiert die Verbundenheit auf emotionalen Ursachen.[86] Abbildung 9 zeigt die genannten Dimensionen in einem Schichtenmodell, um deren Bindungscharakter zu verdeutlichen.

---

[83]   Segbers, Klaus (2007), S. 339
[84]   Dieser Zusammenhang geht auf das Prozessmodell nach ALTMAN/TAYLOR zurück, vgl. Segbers, Klaus (2007), S. 45
[85]   Emotionen sind physiologische Erregungszustände, die die durch einen äußeren oder inneren Reiz hervorgerufen werden und als angenehm oder unangenehm empfunden werden, vgl. Kroeber-Riel, Werner / Weinberg, Peter (2003), S. 53
[86]   Vgl. zu dieser Sichtweise beispielsweise Segbers, Klaus (2007), S. 335 oder Eggert, Andreas (2000), S. 121 f.. Gebundenheit ist in diesem Zusammenhang mehr als ein „Nicht-Wechseln-Können", es drückt vielmehr die Bindung aufgrund eines positiven Kosten-Nutzen-Verhältnisses aus.

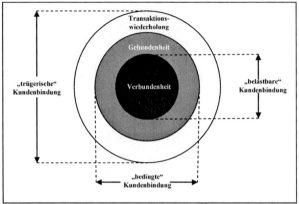

Abbildung 9: Schichtenmodell der Kundenbindung[87]

Das Schichtenmodell veranschaulicht dabei, dass eine reine Transaktionswiederholung im Sinne eines Zusatzgeschäftes nicht zwangläufig einen Bindungszustand darstellt. Es handelt sich vielmehr um eine „trügerische" Kundenbindung, da ein erneuter Geschäftsabschluss nichts über die dahinter stehenden Motive, deren Belastbarkeit und die Wahrscheinlichkeit ihrer Aufrechterhaltung aussagt.[88] So kann der Firmenkunde, der sich ein Jahr nach Eröffnung seines Geschäftskontos dazu entschließt noch eine Firmenkreditkarte zu ordern, beispielsweise aufgrund mangelnden *Involvements*[89] zu dieser Entscheidung gekommen sein.

Im Vergleich dazu kann von einem Status der Gebundenheit ausgegangen werden, wenn eine vertragliche, funktionale oder ökonomische Bindung besteht.[90] Während es sich bei den beiden erstgenannten Formen der Gebundenheit um feststehende Wechselbeschränkungen handelt, stellt die ökonomische Bindung eine, auf rationalem Kalkül beruhende, Vorteilhaftigkeitsabwägung dar. Der Zustand der Gebundenheit wird in diesem Fall kundenseitig bewusst beabsichtigt. Die Stabilität der Kunde-Bank-Beziehung ist dabei jedoch nur so lange gewährleistet, wie die kognitive Bewertung des Kosten-Nutzen-Verhältnisses einen Ergebnisvorteil gegenüber Alternativanbietern verspricht. Insofern kann von einer „bedingten" Kundenbindung gesprochen werden.

---

[87]   Eigene Darstellung in Anlehnung an Stahl, Heinz K. (2006), S. 89, dort unter Verwendung anderer Begrifflichkeiten.

[88]   Vgl. Stahl, Heinz K. (2006), S. 89

[89]   Der Begriff *Involvement* bezeichnet den Grad des Engagements (in der Literatur häufig auch „Ich-Beteiligung" genannt), der mit einem bestimmten Verhalten verbunden ist, vgl. hierzu Kroeber-Riel, Werner / Weinberg, Peter (2003), S. 371

[90]   Vgl. Georgi, Dominik (2005), S. 236. Eine vertragliche Bindung existiert im Firmenkundengeschäft z.B. bei Abschluss eines Investitionsdarlehens mit Zinsfestschreibung. Von einer funktionalen Bindung spricht man, wenn eine Leistung nur in Anspruch genommen werden kann, indem weitere Zusatzleistungen nachgefragt werden. Dies ist etwa beim Aktienkauf über eine Bank der Fall, falls dazu die Eröffnung eines kostenpflichtigen Depots erforderlich ist.

Die stärkste Bindungswirkung kann erzielt werden, indem sich durch positive Emotionen und die Entwicklung eines besonderen Vertrauensverhältnisses ein Zustand der Verbundenheit ergibt.[91] Wie sich zeigen wird ist ein solcher nur schwerlich imitierbar, wodurch im Wettbewerb eine Alleinstellung erreicht werden kann, die auf einer einzigartigen Kunde-Bank-Beziehung beruht. Um eine Differenzierung über eine solche „belastbare" Kundenbindung zu ermöglichen, sollen nun die wesentlichen Wirkzusammenhänge erläutert werden, um die Erkenntnisse im Rahmen der weiterführenden strategischen und operativen Überlegungen zu verwenden.

4.2.2 Kundenanforderungen im Wirkzusammenhang

Die Verknüpfung zwischen Transaktions- und Beziehungsebene wird von SEGBERS unter Verwendung des *Kano-Modells der Kundenanforderungen* konzeptualisiert.[92] Danach können bei der Bewertung der Transaktionsqualität drei Qualitätsdimensionen unterschieden werden, die sich unterschiedlich auf die Kundenzufriedenheit auswirken und unterschiedliche Emotionen hervorrufen (vgl. Abbildung 10).

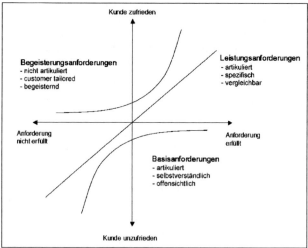

Abbildung 10: Zufriedenheitswirkung von Kundenanforderungen[93]

Im Folgenden sollen die Zufriedenheitswirkung und der emotive Einfluss der drei Anforderungstypen erläutert werden:

---

[91]   Vgl. Segbers, Klaus (2007), S. 337 f.
[92]   Vgl. Segbers, Klaus (2007), S. 312 ff.
[93]   Vgl. Bailom, Franz et al. (1996), S. 118, erweitert abgebildet in: Segbers, Klaus (2007), S. 325

Die *Basisanforderungen* (*„Dissatisfiers"*) umfassen dabei sämtliche Leistungskomponenten, die kundenseitig als selbstverständlich vorausgesetzt werden. Während eine Nichterfüllung dieser Grundvoraussetzungen neben Unzufriedenheit auch negative Emotionen hervorruft, hat ihr Vorhandensein weder Zufriedenheit noch positive Emotionen zur Folge.[94]

Als *Leistungsanforderungen* (*„Criticals"*) sind solche Qualitätsmerkmale zu bezeichnen, die der Kunde einem unmittelbaren Wettbewerbsvergleich unterziehen kann. Sie werden kundenseitig explizit verlangt und führen zu einer gesteigerten Zufriedenheit bei Erfüllung, und lösen im Falle eines Fehlens Unzufriedenheit aus.[95] Auch die Emotionswirkung ist je nach Grad der Erwartungserfüllung positiv oder negativ.

Begeisterungsanforderungen (*„Satisfiers"*) liegen vor, wenn im Rahmen einer Normübererfüllung Leistungen erbracht werden, die der Kunde nicht erwartet. Diese erscheinen ihm als wichtiger Qualitätsvorteil und lösen einen Zustand der Begeisterung aus, der durch eine überproportionale Zufriedenheitssteigerung und Emotionswirkung gekennzeichnet ist.[96]

Die Gesamtzufriedenheit mit der Geschäftsbeziehung ergibt sich nun durch eine primär kognitive Aggregation der Erwartungsabgleiche auf Ebene der Einzeltransaktionen.[97] Der Einfluss der unterschiedlichen Qualitätsdimensionen differiert dabei wie oben beschrieben. Zudem findet ein Abgleich zwischen Beziehungskosten und Qualität im Hinblick auf ein gerechtes Verhältnis statt. Aufgrund dieser vorrangig rational geprägten Konzeptualisierung des Zufriedenheitskonstruktes unterstellt das Wirkmodell von SEGBERS einen direkten Zusammenhang zur Dimension der Gebundenheit auf der Bindungsebene. Eine Verknüpfung mit dem Zustand der Verbundenheit erfolgt lediglich indirekt über das im nächsten Abschnitt behandelte Konstrukt des Vertrauens.[98]

4.2.3 Vertrauen als zentrales Element des Wirkmodells

In Kapitel in 4.2.1 wurde bereits ausgeführt, dass ein Zustand der Verbundenheit den stärksten Bindungscharakter aufweist. Nach SEGBERS stellt eine auf Vertrauen basierende Geschäftsbeziehung eine wesentliche Einflussgröße der Verbundenheit dar.

---

[94]   Vgl. z.B. Matzler, Kurt et al. (2006), S. 292 f., sowie für Beispiele Kapitel 8 und Anhang 4

[95]   Vgl. z.B. Matzler, Kurt et al. (2006), S. 292 f., sowie für Beispiele Kapitel 8 und Anhang 4

[96]   Vgl. Bailom, Franz / Matzler, Kurt (2006), S. 263, sowie für Beispiele Kapitel 8 und Anhang 4

[97]   Vgl. Grönroos, Christian (2000), S. 87.

[98]   Vgl. Segbers, Klaus (2007), S.338. Der Einfluss der Zufriedenheit auf die Verbundenheit wird in der Literatur durchaus kontrovers diskutiert. Zu einer anderen Einschätzung kommen beispielsweise TERLUTTER/WEINBERG, die postulieren, dass Verbundenheit ausschließlich auf Zufriedenheit zurückzuführen sei, vgl. Terlutter, Ralf / Weinberg, Peter (2005), S. 46.. Empirische Studien belegen jedoch, dass ein Status der Zufriedenheit nicht zwangsläufig zu einer Kundenbindung führt, was die kognitiv-basierte Interpretation von SEGBERS stützt, vgl. Neuhaus, Patricia / Stauss, Bernd (2006), S. 81 ff..

Der Vertrauensbegriff soll im weiteren Verlauf wie folgt interpretiert werden: „Vertrauen ist ein psychologischer Zustand, bestehend aus der Bereitschaft, in unsicheren Situationen mit Interdependenzen zu anderen Verletzlichkeit zu akzeptieren, basierend auf positiven Erwartungen über die Absichten oder das Verhalten anderer."[99] Dabei ist Vertrauen als zukunftsorientiertes Phänomen zu verstehen, welches zur Komplexitätsreduktion innerhalb der Geschäftsbeziehung beiträgt.[100]

Um die Betrachtung der wesentlichen Verflechtungen innerhalb des Wirkmodells zu komplettieren, sollen nun die Entstehungsursachen von Vertrauen betrachtet werden. Als notwendige Bedingungen der Vertrauensbildung können die *persönliche Vertrauensbereitschaft*, ein gewisses Maß an *Vertrautheit*, sowie ein *freiwilliges, persönliches und emotionales Engagement* identifiziert werden.

Die obige Definition des Vertrauensbegriffes impliziert, dass die Vertrauensentstehung immer einer personellen Interaktion bedarf. Eine Voraussetzung des Vertrauensaufbaus ist dabei eine gegenseitige Vertrauensbereitschaft.[101] So kann Im Rahmen einer Bankbeziehung beispielsweise kein Vertrauen entstehen, wenn der Unternehmensvertreter, etwa aufgrund von Enttäuschungen in der Vergangenheit, kein Vertrauensverhältnis wünscht. Neben der Vertrauensbereitschaft spielt die Einschätzung der Vertrauenswürdigkeit des Gegenübers – im Sinne eine „Zutrauens" – noch eine wichtige Rolle. So ist es nur dann sinnvoll banknahe Beratungsdienstleistungen, wie z.B. die Unterstützung bei der Liquiditätsplanung, in das Leistungsportfolio zu integrieren, wenn dem Firmenkundenbetreuer die Leistungsfähigkeit kundenseitig zugesprochen wird. Zusätzlich zur hiermit angesprochenen Kompetenz stellt auch die Verlässlichkeit des Firmenkundenbetreuers eine wesentliche Komponente der Vertrauenswürdigkeit dar.

Vertrautheit kann als Grad der Bekanntheit zweier Geschäftspartner interpretiert werden, wobei zwischen persönlicher, rollenbezogener und auf der Kenntnis der Organisation beruhender Vertrautheit zu unterscheiden ist.[102] Es handelt sich wie bei der Zufriedenheit um ein vergangenheitsbezogenes Konstrukt, das auf den bisherigen Erfahrungen in der Geschäftsbeziehung beruht. Vertrautheit ist als vorlaufende Variable von Vertrauen anzusehen, da es nur im Verlauf eines Bekanntheitsverhältnisses zu den interpersonellen Bewertungsprozessen kommen kann, die eine Vertrauensentwicklung zur Folge haben.

Ein persönliches, emotionales Engagement ist immer dann gegeben, wenn ein Geschäftspartner Leistungen erbringt, „die über das übliche Maß und damit das erwartete Maß hinausgehen."[103] Dies ist bei einer Bankbeziehung insbesondere dann

---

[99] Burt, Ronald S. et al. (1998), S. 395, zitiert und zusammengefasst in: Segbers, Klaus (2007), S. 255
[100] Vgl. Bruhn, Manfred et al. (2006), S. 312 f.
[101] Vgl. Segbers, Klaus (2007), S.287 f.
[102] Vgl. Segbers, Klaus (2007), S. 272 ff., sowie die dort angegebene Literatur.
[103] Vgl. Segbers, Klaus (2007), S. 289

der Fall, wenn der Firmenkundenbetreuer Begeisterungsanforderungen erfüllt.[104] Aus einer solchen Normübererfüllung resultieren positive Emotionen, die für eine Vertrauensbildung erforderlich sind.

Die vorstehenden Ausführungen haben gezeigt, welche Kriterien die Vertrauensentwicklung begünstigen.[105] Es muss jedoch davon ausgegangen werden, dass das Zustandekommen von Vertrauen nicht vollständig logisch erklärbar ist, insofern handelt es sich um ein emergent-emotionales Phänomen.[106]

Zusammenfassend bleibt festzuhalten, dass die Kenntnis der Kundenanforderungen und deren Struktur, sowohl auf Ebene der Gebundenheit als auch auf Ebene der Verbundenheit, ein erhebliches Differenzierungspotenzial eröffnet und somit als Schlüsselfaktor einer erfolgreichen Kundenbindungsstrategie anzusehen ist.

4.3 Kundenbindungsmanagement aus strategischer Perspektive

Um die genannten Differenzierungschancen ergreifen zu können, bedarf es eines konsequenten Kundenbindungsmanagements, das eine harmonische Integration der Kundenbindung in das strategische Gesamtkonzept der Bank ermöglicht. Bevor darauf näher eingegangen wird, soll eine kurze begriffliche Einordnung des Kundenbindungsmanagements erfolgen.

4.3.1 Begriffliche Abgrenzung des Kundenbindungsmanagements

Eine inhaltliche Konkretisierung des Kundenbindungsmanagements ist an dieser Stelle insbesondere deshalb notwendig, da eine Reihe verwandter, teilweise synonym verwendeter Ansätze existieren.

Kundenbindungsmanagement kann als die *systematische Analyse, Planung, Durchführung und Kontrolle sämtlicher auf den Kundenstamm gerichteten Aktivitäten mit dem Ziel, die Wechselbereitschaft des Kunden durch die Schaffung eines Zustands der Ge- bzw. Verbundenheit, zu verringern und die Geschäftsbeziehung damit zu festigen bzw. zu intensivieren,* zusammengefasst werden.[107]

---

[104]   SEGBERS nimmt in seiner Arbeit eine theoretische Zuordnung von Beziehungsmerkmalen zu den unterschiedlichen Qualitätsdimensionen im Kontext einer Hausbankbeziehung vor, vgl. Anhang 4. Diese wird in Kapitel 8 empirisch überprüft.

[105]   Vgl. hierzu grafisch Abbildung 8

[106]   Vgl. Segbers, Klaus (2007), S. 292 f.

[107]   In Anlehnung an Meffert, Heribert (2005), S. 149

Während das Hauptaugenmerk des *Kundenbindungsmanagement* auf der Kundenbeziehung liegt, beschäftigt sich das *Relationship Marketing* auch mit anderen Anspruchsgruppen.[108] *Kundenbindungsmanagement* kann demnach auch als *Relationship Marketing* im engeren Sinne verstanden werden.[109]

Als wichtiges Ziel des *Kundenbindungsmanagement* ist auch die Erhöhung der Rentabilität des Kundenportfolios zu nennen. Hier zeigt sich eine Parallele zum *Retention Marketing*, im Rahmen dessen allerdings nur hochrentable Kunden eine Förderung erfahren.[110]

Der im Zusammenhang mit dem Management einer Kundenbeziehung am häufigsten verwendete Ausdruck, dürfte der Begriff des *Customer Relationship Management* sein. Dieser beschäftigt sich im Kern ebenfalls mit dem Thema Kundenbindung, wird jedoch vielfach nur im informationstechnologischen Rahmen verwendet.[111]

Da die Positionierung der Genossenschaftsbanken die Kunde-Bank-Beziehung in den Fokus stellt und die Betrachtung über die rein informationstechnologische Perspektive hinausgehen soll, erscheint eine Verwendung des Ausdrucks *Kundenbindungsmanagement* hier zweckmäßig.

4.3.2 Parameter eines integrierten Kundenbindungsmanagements

Es wurde bereits dargelegt, dass von einem signifikanten Einfluss der Kundenbindung auf den Unternehmenserfolg auszugehen ist. Nachfolgend sollen aus den Erkenntnissen der Vorkapitel strategische Handlungsempfehlungen für das Firmenkundengeschäft erarbeitet und deren Rahmenbedingungen diskutiert werden.

Einen entscheidenden Ansatzpunkt stellen dabei die Qualitätsanforderungen der Kunden dar, da sie sowohl die Zufriedenheit beeinflussen als auch über ihre Emotionswirkung die Entstehung von Vertrauen begünstigen.

Aus den Qualitätsdimensionen lassen sich wie folgt Implikationen für die strategische Führung ableiten:

---

[108]   Vgl. Bruhn, Manfred (2001), S. 9. *Relationship Marketing* wird in der deutschsprachigen Literatur auch oft unter den Begriffen *Beziehungsmarketing* oder *-management* verwendet, vgl. Bruhn, Manfred / Homburg, Christian (2005), S. 8.

[109]   Vgl. Bruhn, Manfred (2001), S. 10

[110]   Vgl. Meffert, Heribert (2005), S. 150. Eine Rentabilitätssteigerung ist insbesondere wichtig um mit der Differenzierung   auch einen ökonomischen Wettbewerbsvorteil zu erlangen, s.a. Kapitel 4.1.

[111]   Bruhn, Manfred / Homburg, Christian (2005), S. 7

1. Erfüllung der Basisanforderungen gewährleisten,
2. Wettbewerbsfähigkeit bei den Leistungsanforderungen sicherstellen,
3. Differenzierung über Begeisterungsanforderungen erlebbar machen.[112]

Hierzu müssen die Kundenanforderungen allerdings bekannt sein, deshalb sollte in regelmäßigen Abständen die Anforderungsstruktur der Firmenkunden untersucht und mit dem Leistungsportfolio der Bank abgeglichen werden. Es ist zu vermuten, dass im Zeitverlauf strukturelle Verschiebungen auftreten und auch segmentspezifische Unterschiede existieren, die es zu berücksichtigen gilt.[113] Eine darauf folgende Anpassung des Leistungsportfolios darf ausdrücklich nicht nur auf der Ebene der klassischen Bankprodukte vollzogen werden, sondern muss sich auf die gesamte Interaktion mit dem Firmenkunden beziehen. In diesem Sinne können auch banknahe Beratungsdienstleistungen oder bestimmte Umfeldkomponenten im Rahmen des Leistungserstellungsprozesses begeisternd wirken und in das Bankangebot integriert werden.[114]

Für eine Bedarfsorientierung reicht es jedoch nicht aus periodisch eine allgemeine Kundenbefragung durchzuführen, vielmehr ist ein intensiver Dialog[115] zwischen Firmenkundenbetreuer und Unternehmensvertreter erforderlich, um das Leistungsportfolio kundenindividuell einsetzen zu können. Zudem bedarf es einer parallelen Potenzialbetrachtung, da insbesondere die Erfüllung der Begeisterungsanforderungen sehr zeit- und kostenintensiv sein kann.[116] Daher ist eine bedarfs- und potenzialorientierte Betreuungsstrategie zu entwickeln, die eine angemessene Rentabilität, einen effizienten Ressourceneinsatz und eine Begeisterungswirkung vereint.

Dazu ist ein integriertes Kundenbindungsmanagement erforderlich, das eine bestmögliche Verknüpfung und Effizienz der bindungsrelevanten Maßnahmen entlang des gesamten Vertriebsprozesses gewährleistet und somit die Differenzierung für die Firmenkunden erlebbar macht. Abbildung 11 zeigt exemplarisch die Parameter eines integrierten Kundenbindungsmanagements entlang des Vertriebsprozess im Firmenkundengeschäft:

---

[112] Vgl. Bailom, Franz / Matzler, Kurt (2006), S. 267 bzw. speziell für das Firmenkundengeschäft Schmoll, Anton (2006), S. 63

[113] Vgl. Bailom, Franz / Matzler, Kurt (2006), S. 264. Aktuelle Begeisterungseigenschaften, zu denen beispielsweise ein umfassendes Bilanzanalysegespräch gehören könnte, könnten zukünftig als selbstverständliche Serviceleistung vorausgesetzt werden.

[114] Die dargestellte Homogenität der Kernleistungen lässt vermuten, dass sich Leistungs- und Begeisterungsanforderungen im Firmenkundengeschäft am ehesten durch eine herausragende Betreuungsqualität und zusätzliche Service- und Beratungsdienstleistungen erfüllen lassen, vgl. hierzu die ermittelte Anforderungsstruktur in Kapitel 8 und die daraus abgeleiteten Optimierungsansätze in Kapitel 9

[115] Vgl. hierzu auch Balz, Ulrich / Bordemann, Heinz-Gerd (2004), S. 24

[116] Vgl. von den Eichen, Stephan A. Friedrich et al. (2006), S. 225 f.

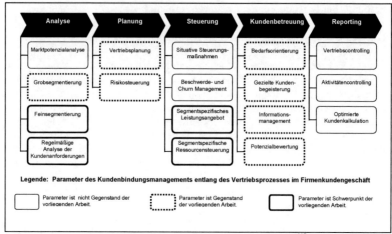

Abbildung 11: Parameter eines integrierten Kundenbindungsmanagements[117]

Im weiteren Verlauf der Arbeit werden alle gepunktet und fett umrandeten Parameter erneut aufgriffen und vertieft. Ein Schwerpunkt liegt dabei auf der potenzial-orientierten Feinsegmentierung des Kundenportfolios, die – wie sich zeigen wird – als Ausgangspunkt einer potenzial- und bedarfsorientierten Betreuungsstrategie verstanden werden kann, sowie der Analyse der Anforderungsstruktur im Firmenkundenge-schäft und der darauf aufsetzenden Optimierung des Leistungsangebotes.

In Kapitel 5 soll zunächst veranschaulicht werden, wie die Differenzierungsstrategie in der Kundeninteraktion operationalisiert werden kann. Im Zentrum der Betrachtung steht dabei der so genannte *ganzheitliche Betreuungsansatz*, der eine lösungs- und bedarfsorientierte Firmenkundenbetreuung intendiert.

.

---

[117] Eigene Darstellung.

5 Operationalisierung der Differenzierungsstrategie durch Potenzial- und Bedarfsorientierung

5.1 Der ganzheitliche Betreuungsansatz

Im Private Banking steht der Begriff der *ganzheitlichen Kundenbetreuung* schon seit einiger Zeit für einen kundenorientierten Beratungsansatz, der die Ziele und Wünsche des Kunden – an Stelle des Produktverkaufs – in den Mittelpunkt der Kundeninteraktion stellt.[118] Auch im mittelständischen Firmenkundengeschäft hat die ganzheitliche Betreuung mittlerweile in einigen Vertriebskonzepten Einzug erhalten.[119] Die Umsetzung dieser Betreuungsphilosophie ist hier allerdings komplexer als im Privatmarkt, da neben den betrieblichen auch private Kundenansprüche berücksichtigt werden müssen.

In der Praxis des Firmenkundengeschäfts ist festzustellen, dass der Kundendialog zunehmend aktiv, also auf Betreuerinitiative erfolgt.[120] Zudem ist die produktbezogene durch eine themenbezogene Ansprache ersetzt worden. So wird neben Betreuungsterminen zu bestimmten Bedarfsfeldern auch vermehrt zu Bilanz- oder Ratinggesprächen eingeladen. Diese Ansätze bedürfen jedoch einer Intensivierung, um eine spürbare Differenzierung zu erreichen und über eine erlebbare Kundenorientierung eine nachhaltigen Wettbewerbsvorteil zu erzielen.

Dazu soll die ganzheitliche Betreuung zunächst systematisiert werden, um danach Grenzen und notwendige Schnittstellen aufzuzeigen.

5.1.1 Systematik und Intention einer ganzheitlichen Firmenkundenbetreuung

Grundidee einer ganzheitlichen Betreuung ist die Erfassung sämtlicher, relevanter Bedarfsfelder des Firmenkunden, um auf dieser Basis eine maßgeschneiderte Gesamtlösung zu entwickeln. Der *BVR* hat die Bedarfsfelder im Konzept zum *VR-Finanzplan Mittelstand* [121] beispielsweise – wie in Abbildung 12 dargestellt – klassifiziert.

Eine derart umfassende Betrachtung der Kundensituation verfolgt im Wesentlichen nachstehende Ziele:

- Intensivierung der Kundenbindung,
- Ermittlung und Ausschöpfung von Vertriebspotenzialen und die
- Erzielung eines proprietären Informationsvorteils ggü. dem Wettbewerb.[122]

---

[118] Vgl. z.B. Holböck, Josef (2006), S. 170 oder zur Begriffsabgrenzung auch Schmoll, Anton (2006), S. 84

[119] Vgl. u.a. BVR (2006e), S. 13.

[120] Es besteht hier allerdings noch Optimierungspotenzial, da nach SCHMOLL nur 20% aller Kundentermine auf Betreuerinitiative vereinbart werden, vgl. Schmoll Anton (2006), S. 83

[121] Zum *VR-Finanzplan Mittelstand* vgl. auch die Ausführung in Kapitel 2.2.

[122] Vgl. ähnlich BVR (2006e), S. 13

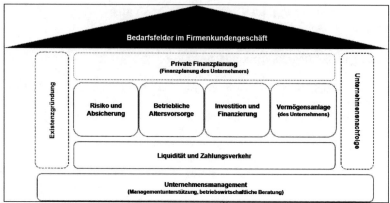

Abbildung 12: Bedarfsfelder im Firmenkundengeschäft[123]

In der Folge wirkt sich dies auch auf ökonomische Erfolgsgrößen wie z.B. den Kundenertrag und die Risikokosten aus.[124]

Der Grundansatz der Ganzheitlichkeit ist dazu sinnvoll in den Teilprozess *Kundenbetreuung*[125] zu integrieren. Aufgrund der hohen Komplexität ist dabei eine systematische Vorgehensweise erforderlich, als deren Kernelement sich ein strukturiertes *Strategiegespräch* anbietet. Ein idealtypischer Ablauf eines *Strategiedialoges* soll an dieser Stelle zur Veranschaulichung (vgl. Abbildung 13) skizziert werden:[126]

Nach proaktiver Terminierung eines Analysegesprächs beschäftigt sich der Firmenkundenbetreuer im Rahmen der Gesprächsvorbereitung zunächst mit der zielorientierten Aufbereitung aller kundenrelevanten Informationen. Idealerweise stehen dabei sämtliche *hard* und *soft facts* in einem CRM-System zur Verfügung.[127] So können in einer elektronischen Kundeakte, beispielsweise auch eine Kontakthistorie, Beratungsergebnisse, Aktenvermerke oder Informationen zu zukünftigen Plänen des Kunden hinterlegt sein. Aus den verdichteten Kundendaten erarbeitet der Betreuer sowohl mögliche betriebliche als auch private Handlungsansätze innerhalb der kundenrelevanten Bedarfsfelder. Die heterogene Kundenstruktur muss dabei betreuerseitig

---

123 Vgl. BVR (2006e), S. 15
124 Vgl. Kapitel 4.1
125 Es handelt sich um einen Teilprozess des Vertriebsprozesses, vgl. Kapitel 4.3.2, Abbildung 11..
126 Die Darstellung erfolgt in Anlehnung an den *VR-Finanzplan Mittelstand*, vgl. BVR (2006e), S. 15 ff., sowie grafisch Abbildung 13.
127 Um eine effiziente Datenanalyse und -aufbereitung zu gewährleisten, kommt dem *Informationsmanagment* eine besondere Wichtigkeit zu. Dazu gehört auch, dass alle wichtigen harten (z.B. Konto- und Bilanzdaten) und weichen (z.B. Aktenvermerke) Kundendaten kontinuierlich in einem *CRM-Tool* festgehalten werden, um sie für zukünftige Bedarfsanalysen verwenden zu können.

berücksichtigt werden, indem er das *Strategiegespräch* als „Modulbaukasten" einer kundenorientierten Betreuung versteht.[128]

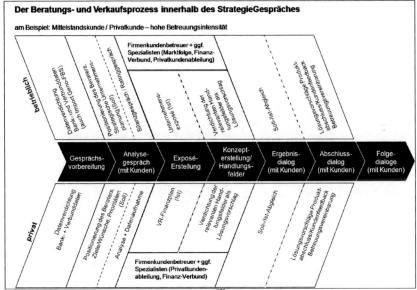

Abbildung 13: Das Strategiegespräch im Ablaufmodell[129]

Auf Basis des darauf folgenden strukturierten, partnerschaftlichen Analysedialoges, in welchen auch die Rating- und Bilanzanalyse integriert werden, erfolgen die Erstellung eines *Unternehmensexposés* und eines *privaten Finanzüberblicks*. Die so dokumentierte *Ist-Analyse* nutzt der Firmenkundenbetreuer, um unter eventueller Hinzuziehung von Fachspezialisten ein Lösungskonzept zu erarbeiten. In einem *Ergebnisdialog* werden dem Firmenkunden das *Exposé* und der *private Finanzplan* ausgehändigt. Daneben erfolgt eine Vorstellung des Lösungskonzeptes, welches in einem *Abschlussgespräch* verabschiedet und mit konkreten Maßnahmen für einen Einjahreszeitraum versehen wird. Auf diese Weise ergeben sich unterjährig anlassbezogene *Anschlussgespräche*.

Ein derart strukturierter Betreuungsprozess verspricht eine Reihe differenzierungsrelevanter Vorteile: Im Rahmen des *Strategiegespräches* erhält der Firmenkundenbetreuer einen umfassenden Unternehmenseinblick, den er als Informationsvorsprung im Wettbewerb nutzen kann. Hierzu bedarf es jedoch einer Softwareunterstützung, die eine

---

[128]   Vgl. hierzu auch Kapitel 5.1.2
[129]   BVR (2006e), S. 16

strukturierte, auswertbare Datenaufnahme und -ablage ermöglicht.[130] Im Rahmen eines konsequenten *Informationsmanagements* können die so gewonnenen Angaben dann entlang des gesamten Vertriebsprozesses, z.B. zur *Potenzialerkennung*, als *Planungsgrundlage* oder für *Vertriebssteuerungsmaßnahmen* und *Folgegespräche*, verwendet werden.

Des Weiteren bietet der *Strategiedialog* hinsichtlich mehrerer Aspekte die Möglichkeit einer potenziellen Kundenbegeisterung[131]: Als erlebbare Mehrwertdienstleistung ist zunächst die dokumentierte *Ist-Analyse* zu nennen. Das darin integrierte *Rating-* und *Bilanzgespräch* bietet ein zusätzliches Begeisterungspotenzial, wenn die Auswertung über eine reine Ergebnispräsentation hinausgeht. So kann beispielsweise durch das Beratungstool *MinD.banker* eine transparente Ratinganalyse erfolgen, die auch die Simulation von Zukunftsszenarien ermöglicht.[132] Die in diesem Zusammenhang aufgedeckten betriebswirtschaftlichen Handlungsfelder, sind dann als Grundlage einer bankseitigen, betriebswirtschaftlichen Unterstützung des Firmenkunden verwendbar.[133]

Zudem findet durch die regelmäßige Kundeninteraktion ein intensiver Austausch statt, der die Entstehung von *Vertrautheit* begünstigt.[134] Gelingt es darüber hinaus den Betreuungsprozess für den Kunden transparent zu gestalten, erleichtert dies die proaktive Terminierung der Folgegespräche. Der Firmenkunde kann die betreuerseitige Aktivität dann einem Gesamtkontext zuordnen, was tendenziell zu einer erhöhten kundenseitigen Aufgeschlossenheit führen dürfte, da sich ihm der konkrete Nutzen erschließt.

Der ganzheitliche Betreuungsansatz scheint also geeignet zu sein, um zur Operationalisierung der Kundenbindungsstrategie beizutragen. Im dargestellten Idealverlauf ist davon auszugehen, dass durch die aktive Kommunikation und die auf den Kundenbedarf zugeschnittenen Mehrwertleistungen sowohl auf kognitiver als auch affektiver Ebene eine starke Bindungswirkung erreicht wird.[135]

In der Realität ist die erfolgreiche Umsetzung einer ganzheitlichen Betreuungsphilosophie jedoch nicht ganz so trivial. Das *Strategiegespräch* ist vielmehr als elementares Instrument eines komplexen Vertriebssystems zu verstehen, welches nur dann erfolgreich ist wenn alle Rahmenparameter optimal verknüpft sind. Der bisher

---

[130]   Diese Funktionalität erfüllt beispielsweise die Software *MinD.banker*, die den gesamten Strategiedialog technisch umsetzt, vgl. BMS (2006), S. 3 f..

[131]   Zur Ermittlung der Begeisterungsanforderungen, vgl. Kapitel 8

[132]   Vgl. Anhang 5. Eine strukturierte Analyse der bilanziellen Verhältnisse wird ebenfalls über die Software *MinD.banker* abgedeckt.

[133]   Die betriebswirtschaftliche Beratung stellt nach Auffassung mehrerer Autoren eine wichtige Komplementärdienstleistung im mittelständischen Firmenkundengeschäft dar und sollte zukünftig eine Intensivierung erfahren, vgl. z.B. Schmoll, Anton (2006), S. 89 oder Schmidt, Thomas (2001), S. 151 ff.

[134]   Vgl. Kapitel 4.2.3

[135]   Vgl. Kapitel 4.2.1

eher mäßige Implementierungserfolg der Banken ist maßgeblich durch die nachfolgenden Problemfelder bedingt.[136]

5.1.2 Grenzen der Ganzheitlichkeit

Bei genauerer Betrachtung weist der ganzheitliche Betreuungsansatz auch einige Defizite auf:

Der skizzierte idealtypische Verlauf des *Strategiegesprächs* beginnt mit einer umfangreichen Analysephase in der sämtliche Bedarfsfelder des Firmenkunden berücksichtigt werden. Diese bedarf jedoch einer ausgeprägten Offenheit des Kunden, wie sie nur in einer vertrauensbasierten Geschäftsbeziehung vorkommt.[137] Demnach ist von einer Wechselwirkung zwischen der ganzheitlichen Betreuung und dem Vertrauenskonstrukt auszugehen. Während – wie bereits beschrieben – über die aktiv gestaltete Geschäftsbeziehung und die gezielte Kundenbegeisterung die Vertrauensentwicklung gefördert wird, ist ein gewisses Maß an *Vertrautheit* und *Vertrauen* Grundlage einer umfassenden *Strategieberatung*. Dies muss in der Betreuungsstrategie berücksichtigt werden, indem der Betreuungsansatz modular auf den *Status* der Geschäftsbeziehung zugeschnitten wird. Bei skeptischen Firmenkunden sollte beispielsweise ein weniger detaillierter Analysebogen verwendet werden. Die betreuerseitige Ausarbeitung wird daraufhin logischerweise auch weniger umfassend sein. Es gilt dann den Firmenkunden über eine Nutzenargumentation von den Vorteilen einer offeneren Kommunikation zu überzeugen und ihn über Einzelkomponenten der ganzheitlichen Betreuung zu begeistern.

Das Streben nach Kundenbegeisterung birgt jedoch auch die Gefahr des *Overservicing*.[138] Wenn die Bemühungen um Kundenbegeisterung zu ehrgeizig sind, kann dies sogar einen Wertverlust zur Folge haben.[139] Bei allen Anstrengungen um die Gunst des Kunden darf also die Profitabilität der Geschäftsbeziehung nicht außer Acht gelassen werden. Deshalb ist es notwendig in der Vertriebsplanung eine ertrags- und potenzialorientierte Betreuungsintensität festzulegen. Die Kosten der ganzheitlichen Betreuung müssen dabei in die Kundenkalkulation einfließen, um Fehlentwicklungen frühzeitig zu erkennen und zyklische Anpassungen vornehmen zu können.

---

[136] Vgl. Wildner, Georg (2006), S. 110
[137] Es handelt sich dabei, um eine über das gewöhnliche Maß hinausgehende Weitergabe sensibler Informationen, vgl. hierzu die Vertrauensdefinition in Kapitel 4.2.3. SEGBERS sieht eine wesentliche Wirkung von Vertrauen in der Bereitschaft zum Austausch vertraulicher Informationen, vgl. Segbers, Klaus (2007), S. 322 f..
[138] Vgl. Matzler, Kurt / Stahl, Heinz K. (2000), S. 123
[139] Vgl. von den Eichen, Stephan A. Friedrich et al. (2006), S. 226

Insbesondere bei Regionalbanken bestehen hier jedoch vielfach noch erhebliche Kalkulationsmängel.[140] Des Weiteren fehlt eine systematische Erhebung des Kundenpotenzials oft vollständig.[141]

Ein weiteres Problem des ganzheitlichen Ansatzes stellt der *Engpassfaktor Zeit* dar. Die Vielzahl der Betreuungsengagements und die hohe Belastung durch nicht betreuungsbezogene Tätigkeiten bedürfen eines konsequenten Ressourcenmanagements und einer Priorisierung der Betreuungsaktivitäten, um eine erfolgreiche Marktbearbeitung zu ermöglichen.[142]

Bevor das Ressourcenproblem in Kapitel 5.2 vertiefend behandelt wird, soll an dieser Stelle noch das Handlungsfeld *Personalentwicklung* angeführt werden. So muss die ganzheitliche Betreuungsphilosophie in der Aus- und Weiterbildung der Mitarbeiter und im Führungsverständnis Einzug erhalten. Ziel der Vertriebsführungskräfte muss es vor allem sein, eine vollständige Akzeptanz der kundenorientierten Betreuung zu gewährleisten.[143]

5.2 Die Problematik einer effizienten Ressourcenallokation

Eine *effiziente Ressourcensteuerung* stellt eine wesentliche Erfolgsdeterminante eines ganzheitlichen Vertriebssystems dar. Das Bestreben des *Vertriebsmanagements* muss es sein, die knappen Betreuungsressourcen nutzenoptimal der Bedarfs-, Ertrags- und Potenzialsituation der Firmenkunden zuzuordnen.
Um hier Optimierungspotenzial zu erkennen erscheint es zunächst notwendig die Gesamtressourcen eines Firmenkundenbetreuers zu ermitteln und sich die Kapazitätsverwendung anzusehen.[144] Danach werden in den Kapiteln 5.2.2 und 5.2.3 zwei Ansätze zur Effizienzsteigerung diskutiert.

5.2.1 Zeitprofil eines Firmenkundenbetreuers

Zur Bestimmung der Gesamtkapazität eines Firmenkundenbetreuers ist dessen betriebliche Anwesenheitszeit zu errechnen:

---

[140] Beispielsweise bietet das in den meisten Genossenschaftsbanken eingesetzte Controllingsystem *VR-Control* derzeit noch nicht vollständig die Möglichkeit Verbunderträge in der Kundenkalkulation zu berücksichtigen, vgl. zur Problematik im Privatkundengeschäft auch Färber, Bernd / Hopfner, Wilfried (2006), S. 41

[141] Zur Potenzialermittlung unter Ausnutzung von Wechselbeziehungen entlang des Vertriebsprozesses vgl. Kapitel 7.

[142] Vgl. Schmoll, Anton (2006), S. 132

[143] Vgl. BVR (2006e), S. 30

[144] Vgl. Kapitel 5.2.1

230,0 Tage	Jahresarbeitstage
./. 10 Tage	Seminare
./. 5 Tage	Krankheit
215 Tage	Nettoanwesenheit
x 8 h	Arbeitsstunden pro Tag
1.720 h	Nettoanwesenheit

Tabelle 2: Anwesenheitszeit eines Firmenkundenbetreuers[145]

Hinsichtlich der Ressourcenverwendung kann grundsätzlich zwischen Tätigkeiten im Rahmen des Teilprozesses *Kundenbetreuung* und sonstigen *bankinternen* Aktivitäten unterschieden werden. SCHMOLL hat in diesem Zusammenhang einige hundert Firmenkundenbetreuer zu ihrem Ressourceneinsatz befragt. Abbildung 14 zeigt die Verteilung der Aufgaben auf die beiden Oberkategorien:

Kundenbetreuung / marktgerichtete Aktivitäten	Bankinterne Aktivitäten
• Beratungs- und Verkaufsgespräche	• Gesprächsnachbereitung
• Ratinggespräche, sonstige Spezial-Beratung	• Kreditantrag / Kreditprotokoll (Vorbereitung Kreditbeschluss)
• Betriebsbesichtigungen	
• Kundentelefonate	• Ratingerstellung
• Gesprächsvorbereitung (Pre Sales)	• Wertermittlungen
• Angebotserstellung	• Listenbearbeitungen (ÜZ-Listen usw.)
• Akquisition (Neukundengewinnung)	• Disposition
• Kundenveranstaltungen	• Unterlagenbeschaffung
• Öffentlichkeitsarbeit / Repräsentation	• Schriftverkehr / Diverse Berichte
	• Interne Besprechungen / Projektgruppen
	• Weiterbildung

Abbildung 14: Aufgaben des Firmenkundenbetreuers nach Vertriebsorientierung[146]

Obwohl nach der gewählten Zuordnung die *markt-* bzw. *kundengerichteten* Aufgaben einer eher weiten Definition folgen, verwenden Firmenkundenbetreuer nach dem Ergebnis der Untersuchung durchschnittlich nur 25 bis 30 Prozent ihrer Anwesenheitszeit für die Kundeninteraktion. In diesem Zusammenhang sind die Begriffe *Nettovertriebszeit* und *Nettomarktzeit* voneinander abzugrenzen. Während der Erstere, die für vertriebsgerichtete Tätigkeiten zur Verfügung stehende Zeit meint[147], folgt der Letztgenannte einer engeren Interpretation. Demnach bezeichnet die *Nettomarktzeit* die Zeit, „die der Kundenbetreuer im persönlichen oder telefonischen Beratungs- oder Akquisitionsgespräch mit Neu- und Bestandskunden verbringt."[148]

---

[145] In Anlehnung an Krauß, Carsten (2006), ohne Seitenangabe
[146] Vgl. Schmoll, Anton (2006), S. 133
[147] Vgl. Schmoll, Anton (2006), S. 132
[148] Vgl. Käser, Burkhard et al. (2004), S. 18

Abbildung 15 verdeutlicht die Begriffsabgrenzung noch einmal grafisch unter Einbindung des ermittelten durchschnittlichen Zeitprofils von SCHMOLL:[149]

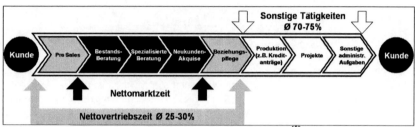

Abbildung 15: Ressourcenverwendung der Firmenkundenkundenbetreuer[150]

5.2.2 Produktivitätssteigerung durch Erhöhung der Nettomarktzeit

Unter Rentabilitätsgesichtspunkten ist es erforderlich, einen stärkeren Fokus auf wertschöpfende Tätigkeiten zu richten. Die Interdependenz zwischen *Nettomarktzeit* und *Rentabilität* konnte bereits empirisch belegt werden. Abbildung 16 zeigt das Banken mit hohen Rentabilitätswerten deutlich höhere Nettomarktzeiten aufweisen, als ihre Wettbewerber:

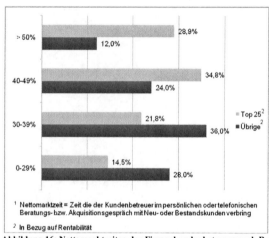

Abbildung 16: Nettomarktzeiten der Firmenkundenbetreuer nach Bankrentabilität[151]

---

[149] Schmoll weist bezüglich der errechneten Zeitprofile auf große Schwankungsbreiten je nach Bankgröße, Ablauf- und Aufbauorganisation, Kundenstruktur und IT-Infrastruktur hin, vgl. Schmoll, Anton (2006), S. 133 f..

[150] Eigene Darstellung, Bezeichnungen und Werte in Anlehnung an Schmoll, Anton (2006), S. 133

[151] Vgl. Käser, Burkhard et al. (2004), S. 18

Einen Optimierungsansatz zur Intensivierung der *ganzheitlichen Firmenkundenbetreuung* stellt nun die Entlastung des Betreuers hinsichtlich nicht vertriebsbezogener Aktivitäten dar. Diese kann erreicht werden, indem administrative Tätigkeiten auf andere Aufgabenträger verlagert werden. Eine signifikante Produktivitätssteigerung ist dabei nur durch eine Veränderung der Ablauf- und Aufbauorganisation möglich. So kann beispielsweise durch den Einsatz bzw. die stärkere Integration einer Vertriebsassistenz eine Steigerung der *Nettomarktzeit* realisiert werden.

Die personenspezifische Aufgabenverteilung entlang des Vertriebsprozess soll an dieser Stelle allerdings nicht weiter vertieft werden. Im Folgenden steht vielmehr die optimale Verzahnung sämtlicher Teil- und Subprozesse im Vordergrund, um diese im Rahmen eines potenzialorientierten *Kundenportfoliomanagements* für eine effiziente Ressourcensteuerung zu nutzen.

5.2.3 Gezielte Steuerung der Vertriebsressourcen durch Kundenportfoliomanagement

Neben der Steigerung der *Nettomarktzeit* kommt der nutzenoptimalen Verwendung der zur Verfügung stehenden Vertriebsressourcen eine besondere Wichtigkeit zu. Diese setzt jedoch eine genaue Kenntnis der Bedarfssituation der Firmenkunden voraus, um auf dieser Basis die Betreuerkapazitäten gezielt entlang des Kundenportfolios zu verteilen.[152] Die dafür notwendige Transparenz wird durch einen *ganzheitlichen Betreuungsansatz* entscheidend begünstigt.[153] Allerdings muss die *Betreuungsintensität* innerhalb der *ganzheitlichen Beratung* – wie bereits angeführt – einer Kosten-Nutzen-Abwägung unterliegen. Somit besteht hier eine Interdependenz, die in den weiteren Überlegungen zu beachten ist.

Für das Firmenkundengeschäft der Genossenschaftsbanken bietet es sich an die Kundensegmentierung zu erweitern und im Rahmen des *Kundenbindungsmanagements* so zu integrieren, dass ein der Kundensituation und den Bankanforderungen angemessener Ressourceneinsatz gewährleistet wird. Nach Diskussion einiger methodischer Segmentierungsansätze in Kapitel 6, soll in Kapitel 7 ein *Modell zur potenzialorientierten Kundensegmentierung* entwickelt werden, dass sich schlüssig in den Gesamtkontext eines *integrierten Kundenbindungsmanagements* einfügt.

---

[152]   Vgl. Käser, Burkhard et al. (2004), S. 10
[153]   Vgl. Kapitel 5.1.1

6 Methodische Instrumentarien zur Segmentierung eines Kundenportfolios

6.1 Grundlagen der Kundensegmentierung

Unter einer *Kundensegmentierung* kann allgemein die *Aufteilung eines Kunden-portfolios* in *intern homogene* und *extern heterogene Untergruppen* verstanden werden.[154] In der vorliegenden Arbeit soll jedoch eine differenziertere Betrachtung erfolgen, indem zwischen einer strategischen *Grob-* und einer *potenzialorientierten Fein-segmentierung* unterschieden wird.

Während die *Grobsegmentierung* auf Geschäftsfeldebene erfolgt, findet die *Feinseg-mentierung* auf Betreuerebene statt und bildet die Grundlage einer differenzierten Marktbearbeitung innerhalb des betreuerspezifischen Kundenportfolios.[155] Die merk-malsbezogene Kundenklassifizierung ist im Firmenkundengeschäft deutscher Individ-ualbanken weit verbreitet.[156] Daher sollen nachfolgend schwerpunktmäßig methodi-sche Ansätze behandelt werden, die eine *Feinsegmentierung* ermöglichen. Trotzdem erscheint es sinnvoll, zunächst überblicksartig die wesentlichen Verfahren zur *Grobklassifizierung* vorzustellen, um im weiteren Verlauf Unterschiede heraus-zustellen und den Komplementärnutzen eines zweistufigen Segmentierungssystems zu verdeutlichen.

6.2 Strategische Grobsegmentierung

Bei den Verfahren der Kundensegmentierung lassen sich grundsätzlich ein- und multi-dimensionale Ansätze unterscheiden.

Zur strategischen Segmentierung auf Ebene des Geschäftsfeldes Firmenkunden wer-den zumeist eindimensionale Konzepte verwendet, die eine Segmentunterscheidung anhand eines bestimmten Merkmals vornehmen. Ein klassisches Kriterium stellt hier das *Aktivvolumen* dar, dessen Eignung aber äußerst fragwürdig ist, da es keine Rückschlüsse auf die ganzheitliche Bedarfssituation des Kunden zulässt und mitunter starken Schwankungen unterliegt.[157] In einer empirischen Produktnutzungsanalyse im Firmenkundengeschäft konnte der *Umsatz* als wesentlicher Treiber des Bedarfs an Bankdienstleistungen identifiziert werden.[158] Daher scheint dieser als Segmentie-rungsmerkmal eher geeignet zu sein. Daneben ist als weiteres häufig verwendetes Kriterium die Branchenzugehörigkeit zu nennen. Eine branchenorientierte Grobseg-mentierung ist in Genossenschaftsbanken aufgrund von Regionalität und

---

[154] Vgl. Bruhn, Manfred / Meffert, Heribert (2006), S. 140
[155] Vgl. Käser, Burkhard et al. (2004), S. 12
[156] Vgl. Bufka, Jürgen / Eichelmann, Thomas (2002), S. 125
[157] Vgl. Käser, Burkhard et al. (2004), S. 10
[158] Vgl. Schmoll, Anton (2006), S. 68

Unternehmensgröße nur begrenzt umsetzbar, da es dafür i.d.R. an der notwendigen Kundentiefe fehlt.[159]

Als Beispiel für einen multidimensionalen Ansatz im Firmenkundengeschäft ist das Konzept der Unternehmensberatung *Roland Berger* anzuführen, dass eine direkte Ermittlung bedarfshomogener Segmente anhand der Leistungsanforderungen der Firmenkunden vorsieht.[160] Hierbei werden, die auf Basis einer Kundenbefragung ermittelten Anforderungen. mittels multivariater Analysemethoden zu homogenen *Clustern* zusammengefasst.[161] Im Falle des Regionalinstitutes für welches das Konzept entwickelt wurde ergab die *Clusteranalyse* fünf Kundensegmente. Im Rahmen der Unternehmensbefragung konnte durch zusätzliche Erhebung der *Kundenzufriedenheit* ein empirischer Nachweis der Vorteilhaftigkeit eines bedarfsorientierten Ansatzes ggü. ausschließlich merkmalsorientierten Verfahren nachgewiesen werden. Hierzu wurden – jeweils für die Größen-, Branchen- und Bedarfsklassifizierung – Abweichungen von den mittleren Bedarfsstrukturen errechnet und mit dem Gesamtzufriedenheitsmaß regressiert.[162]

Der Segmentierungsvorschlag von *Roland Berger* erfolgt ausschließlich anhand psychographischer Merkmale.[163] Die Sinnhaftigkeit dieser Vorgehensweise ist in Frage zu stellen, da die dadurch hervorgerufene Komplexität der *Grobsegmentierung* einem geringen Nutzen gegenübersteht. Zwar wurde die Wichtigkeit der Bedarfsorientierung schon in den Ausführungen zur ganzheitlichen Betreuung herausgestellt, es erscheint jedoch nicht zweckmäßig diese bereits in der *Grobklassifizierung* in das Segmentierungskonzept einzubinden. So unterliegt die Bedarfsstruktur im Firmenkundengeschäft einem dynamischen Wandel, der im Falle einer bedarfsorientierten *Grobsegmentierung* zu Wanderungsbewegungen innerhalb der *Cluster* führen würde. Bei einer stringenten Umsetzung des Konzeptes hätte dies auch sich verändernde Betreuungszuständigkeiten zur Folge, die in Diskrepanz zu einer kontinuierlichen, vertrauensbasierten Kundenbetreuung stünden. Zudem erfolgt eine aggregierte Betrachtung der Leistungsanforderungen im Rahmen der Cluster-Zuweisung, welche sich nur begrenzt für die Marktbearbeitung eignet.[164] Ein weiterer Aspekt ist die fehlende Potenzialbetrachtung, denn das Modell führt keinen Abgleich zwischen den Produktbedarfen und ihrer Inanspruchnahme durch.

---

[159] Dies deckt sich auch mit der strategischen Vorgabe des BVR, vgl. auch Kapitel 2.2-
[160] Vgl. zur Vorgehensweise auch Anhang 6
[161] Vgl. Bufka, Jürgen / Eichelmann, Thomas (2002), S. 130. Methodisch erfolgt die Segmentbildung auf Basis einer *Clusteranalyse* und einer nachgeschalteten *Diskriminanzanalyse*, vgl. zu den Verfahren u.a. Backhaus, Klaus et al. (2006), S. 489 ff..
[162] Vgl. Bufka, Jürgen / Eichelmann, Thomas (2002), S. 135 f.. Zur Regressionsanalyse vgl. u.a. Backhaus, Klaus et al. (2006), S. 45 ff..
[163] Vgl. auch Übersicht in Anhang 7
[164] So weist das Beispiel-Kreditinstitut in den *Clustern* 1-3 und 5 einen hohen Bedarf im Kreditgeschäft aus, vgl. *Bedarfsprofile je Kundensegment* in Anhang 6. Durch die Zusammenfassung der Anforderungen zu Bedarfsgruppen gehen betreuungsrelevante Impulse verloren. Die Aussage, dass Unternehmen in vorgenannten Clustern tendenziell einen hohen Kreditbedarf haben, ist zu pauschal um sie in Kundengesprächen zielführend zu nutzen.

Für das genossenschaftliche Firmenkundengeschäft wird durch den *BVR–* wie bereits in Kapitel 2.2 dargelegt – eine (zunächst) eindimensionale *Grobsegmentierung* nach dem Umsatzkriterium vorgeschlagen. Aufgrund der vorstehenden Überlegungen findet das multidimensionale Konzept zur *Grobklassifizierung* in der vorliegenden Arbeit keine Anwendung, stattdessen wird dem verbandsseitig vorgeschlagenen Verfahren gefolgt, da es eine hohe Operationalisierbarkeit und weite Praxisverbreitung aufweist.[165]

Die Bedarfs-, Potenzial- und Rentabilitätssituation werden in der *Feinsegmentierung* berücksichtigt, die auf der umsatzbezogenen *Grobsegmentierung* aufsetzt. Im Folgenden werden Verfahren vorgestellt, die für die Bildung von Subsegmenten konzeptionell relevant sind.

6.3 Feinsegmentierung

6.3.1 ABC-Analyse

Die *ABC-Analyse* ist ein Verfahren, dass ein strategisches Geschäftsfeld oder eine Kundengruppe anhand der Rentabilität untergliedert.[166] Insofern kann die Methode sowohl zur *Grobklassifizierung* als auch zur weiteren Kategorisierung der Subsegmente eingesetzt werden.[167] Da in dieser Arbeit eine *Grobsegmentierung* nach dem Umsatzkriterium vorgeschlagen wird, soll das Konzept hier auf seine Eignung zur Feinsegmentierung überprüft werden:

Bei einem Einsatz im Firmenkundengeschäft wird eine Einteilung der Kundengruppen hinsichtlich ihres Beitrags zum Geschäftserfolg und/oder zum Geschäftsvolumen vorgenommen.[168] Für die Erfolgsbetrachtung wird der Kundendeckungsbeitrag herangezogen. Das Geschäftsvolumen wird beispielsweise anhand von Kriterien wie *Passiv-*, *Aktivvolumen* oder der *Kontenumsatz* abgebildet. Die Segmentzuordnung erfolgt in den Kategorien:

- A = überdurchschnittlich,
- B = durchschnittlich und
- C = unterdurchschnittlich.[169]

---

[165] Die zeb/-Firmenkundenstudie kommt ebenfalls zu dem Ergebnis, dass das Umsatzkriterium ein geeignetes Merkmal zur *Grobsegmentierung* ist, vgl. Käser, Burkhard et al. (2004), S. 11 f..
[166] Vgl. Schröder, Gustav Adolf (2001), S. 596
[167] Vgl. Schulz, Thomas Christian (2005), S. 83
[168] Vgl. Schröder, Gustav Adolf (2001), S. 597
[169] Vgl. Schröder, Gustav Adolf (2001), S. 596

Untersuchungen bestätigen, dass als Ergebnis zumeist eine Verteilung der Kundengruppen nach dem *Pareto-Prinzip* entsteht. Auf das Firmenkundengeschäft übertragen bedeutet dies, dass mit 20% der Firmenkunden 80% des Gesamtergebnisses erwirtschaftet werden.[170]

Auf Basis der *ABC-Analyse* erfolgt je nach Klassifizierung eine *Individual-, Standard-* oder *Mengenbetreuung*, die sich hinsichtlich Betreuungsintensität und Spezialisierungsgrad unterscheidet.[171] Aufgrund der ausschließlich *ertrags-* bzw. *volumensbasierten* Segmentierung ist das Verfahren jedoch als sehr einseitig zu bezeichnen. So wird die Geschäftsbeziehung lediglich vergangenheitsbezogen betrachtet, durch den fehlenden Zukunftsbezug können Potenzialkunden nicht identifiziert werden.[172] Zusammenfassend ist also festzustellen, dass die Methode aufgrund ihrer Eindimensionalität nur die Kundenrentabilität ausreichend einbezieht. Die ABC-Klassifizierung ist damit wegen der unzureichenden Bedarfs- und Potenzialorientierung für eine effiziente Marktbearbeitung zu ungenau.

6.3.2 Portfolio-Analyse

Unter dem Begriff *Portfolio-Analyse* kann im Dienstleistungskontext die Positionierung von dienstleistungsbezogenen Analyseobjekten nach internen und externen Erfolgsfaktoren in einer zweidimensionalen Matrix verstanden werden.[173]

In diesem Abschnitt sollen zunächst die beiden wohl bekanntesten Portfolio-Ansätze das *Marktanteils-Marktwachstums-Portfolio* und das *Wettbewerbsvorteils-Marktattraktivitäts-Portfolio* vorgestellt werden. Es handelt sich hierbei, um strategische Ansätze, deren Übertragbarkeit auf die *Feinsegmentierung* eines Kundenportfolios überprüft werden soll. In diesem Zusammenhang sollen auch die für das Bankgeschäft entwickelten Portfolio-Methoden von SCHRÖDER und SCHMOLL gewürdigt werden.

Das *Marktanteils-Marktwachstums-Portfolio (BCG-Matrix)* wurde von der amerikanischen Unternehmensberatung *Boston Consulting Group* ursprünglich zur Positionierung *strategischer Geschäftseinheiten (SGE)* entwickelt.[174] Dabei werden der relative Marktanteil der Geschäftseinheit auf der horizontalen und das Markwachstum der Zielmärkte auf der vertikalen Achse eines Portfolios dargestellt.[175] Der Umsatzanteil der jeweiligen *SGE* wird durch unterschiedlich große Kreise symbolisiert. Die Matrix gliedert sich in die vier Felder *Question Marks, Stars, Cash Cows* und *Poor Dogs*, die in Anhang 8 näher beschrieben werden. Je nach Positionierung der Geschäftseinheiten

---

[170] Vgl. Schmoll, Anton (2006), S. 66
[171] Vgl. Schröder, Gustav Adolf (2001), S. 597
[172] Vgl. u.a. Köhler, Richard (2005), S. 409
[173] Vgl. Bruhn, Manfred / Meffert, Heribert (2006), S. 174
[174] Eine strategische Geschäftseinheit umfasst ein Geschäftsfeld, für das getrennt vom Rest des Unternehmens eine eigene Planung erstellt werden kann, vgl. auch Bliemel, Friedrich / Kotler, Philip (2005), S. 117.
[175] Vgl. Bliemel, Friedrich / Kotler, Philip (2005), S. 117 f.

existieren unterschiedliche Normstrategien, die dem Management als Handlungsleitlinien zur Verfügung stehen.[176]

Als erster der vorgestellten Segmentierungsansätze bildet die *BCG-Methode* neben der Betrachtung der aktuellen Marktposition über die Dimension Marktwachstum auch einen Zukunftsbezug ab. Die Portfoliodarstellung erscheint anschaulich, übersichtlich und aussagekräftig. Zu kritisieren ist, dass das Modell die Realität zu stark vereinfacht, indem es unterstellt, dass die Entwicklung von Geschäftseinheiten ausschließlich durch den relativen Marktanteil und das Marktwachstum determiniert wird.

Eine detailliertere Vorgehensweise sieht das mit Hilfe der Unternehmensberatung *McKinsey* entwickelte ***Wettbewerbsvorteils-Marktattraktivitäts-Portfolio*** des *General Electric*-Konzerns vor.[177] Es handelt sich dabei um eine *Multifaktorenmethode* bei der die verschiedenen Einflussfaktoren auf die Portfolio-Dimensionen eigene *Wettbewerbsstärke* (x-Achse) und *Marktattraktivität* (y-Achse) berücksichtigt werden.[178] Dies erfolgt indem die Faktoren im Rahmen eines *Scoring-Modells* gewichtet und bewertet werden, so dass schließlich für die betrachteten Dimensionen ein indexiertes Ergebnis errechnet wird.[179] Nach Ermittlung der Indexwerte können diese in der in neun Felder untergliederten Klassifizierungsmatrix abgebildet werden. Unterschiedlich große Kreise kennzeichnen dabei die Marktgröße der *SGE*s, der Marktanteil wird durch eine entsprechende farbliche Abhebung der Kreise verdeutlicht.[180] Je nach Positionierung werden auch hier unterschiedliche *Normstrategien* vorgeschlagen.[181]

Durch das *Scoring-Verfahren* können sämtliche, als wichtig erachtete Faktoren in die Analyse einbezogen werden. Jedoch weist die *Auswahl, Gewichtung und Bewertung* der Faktoren eine gewisse *Subjektivität* auf. Somit hängt der erfolgreiche Einsatz zu einem hohen Anteil von den analytischen und strategischen Fähigkeiten der Führungskräfte ab.

Die Multifaktorenmethode ist problemlos auf die Betrachtung eines Kundenportfolios zu transferieren und ermöglicht somit eine umfassende Einschätzung der Bedarfs-, Potenzial- und Ertragssituation.[182] Es ist jedoch ein Konzept erforderlich, dass eine ausreichende Validität gewährleistet, indem der Subjektivitätsgrad verringert wird.

---

[176] Vgl. Bliemel, Friedrich / Kotler, Philip (2005), S. 119 f.
[177] Vgl. Bruhn, Manfred / Meffert, Heribert (2006), S. 174
[178] Vgl. Schröder, Gustav Adolf (2001), S. 600
[179] Vgl. Tabelle 12 in Anhang 9
[180] Vgl. Abbildung 41 in Anhang 9
[181] Vgl. Abbildung 42 in Anhang 9
[182] Zur Übertragung der Multifaktorenmethode auf ein Kundenportfolio, vgl. Köhler, Richard (2005), S. 416 f.

Eine erste Übertragung der McKinsey-Methode auf das Bankgeschäft erfolgte durch SCHRÖDER. Er ersetzt hierzu die Dimension *Markt-* durch die *Kundenattraktivität*, welche anhand des Geschäftsvolumens ermittelt wird.[183] Das externe Kundenpotenzial stellt aus seiner Sicht die Grundlage der Dimension *Eigene Wettbewerbsstärke* dar.[184] Das Potenzial errechnet sich als Anteil des Geschäftsvolumens am statistischen Gesamtvermögen des Kunden. Auf Basis der neun Klassifizierungsstufen werden *segmentspezifische Betreuungsstrategien* abgeleitet.[185]

SCHRÖDER nutzt jedoch die Möglichkeiten des Verfahrens nur begrenzt, indem er auf das *Scoring-System* komplett verzichtet. Eine Erklärung hierfür könnte darin liegen, dass der Segmentierungsansatz für das Privatkundengeschäft entwickelt wurde. Durch diese Vorgehensweise wird eine einfache Operationalisierbarkeit des Verfahrens gewährleistet. Für das Firmenkundengeschäft erscheint der Ansatz trotz seiner hohen Praktikabilität für eine *Feinsegmentierung* ungeeignet, da gerade im betreuungsintensiven Individualkundengeschäft eine differenzierte Erfassung der Kundensituation erforderlich ist, die über eine Klassifizierung anhand statistischer Durchschnittswerte hinausgehen sollte.

Die notwendige Detailbetrachtung im Firmenkundengeschäft wird in den Überlegungen von SCHMOLL aufgegriffen, der einige Empfehlungen zur *Feinsegmentierung* erarbeitet hat. Die vorgeschlagene Verfahrensweise stellt dabei einen Mix aus den bereits vorgestellten Portfolio-Methoden dar. Als Bewertungsdimensionen des Modells soll das *bereits ausgeschöpfte interne* und das *zukünftige externe Kundenpotenzial* abgebildet werden.[186] Die Analyse der Einflussfaktoren der beiden Komponenten soll zu einer aggregierten Bewertung innerhalb der Portfolio-Dimensionen führen. Tabelle 3 zeigt eine Übersicht möglicher Kriterien:

Kriterien – Internes Kundenpotenzial	Kriterien – externes Kundenpotenzial
• Aktivvolumen	• Zukunftschancen der Branche
• Passivvolumen	• Markposition innerhalb der Branche
• Kontoumsatz	• Expansionspotenzial
• Geschäftsvolumen	• Umsatzpotenzial
• Produktnutzung	• Exportmöglichkeiten
• Firmenumsatz	• Innovationskraft
	• Investitionsneigung

Tabelle 3: Segmentierungskriterien nach SCHMOLL[187]

Für die Portfolio-Einordnung schlägt SCHMOLL eine Vier-Felder-Matrix analog der *BCG-Methode* vor. Dabei unterscheidet er zwischen *Ideal-*, *Potenzial-*, *Beobachtungs-* und *Standardkunden*. Das Portfolio sieht demnach wie folgt aus:

---

[183] Vgl. Schröder, Gustav Adolf (2001), S. 601
[184] Vgl. Schröder, Gustav Adolf (2001), S. 602
[185] Vgl. Schröder, Gustav Adolf (2001), S. 603 ff., sowie Anhang 10
[186] Vgl. Schmoll, Anton (2006), S. 68
[187] Vgl. Schmoll, Anton (2006), S.69 f.

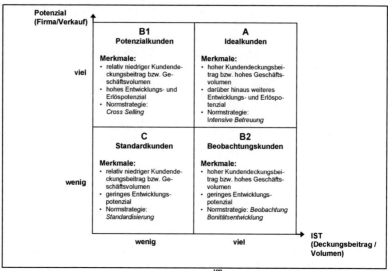

Abbildung 17: Firmenkundenportfolio nach SCHMOLL[188]

Durch die Mehrdimensionalität können alle aus Managementsicht erforderlichen Faktoren in den Segmentierungsansatz aufgenommen werden. Die Subjektivität wird durch die Einbindung quantitativer Segmentierungskriterien gemildert.[189] Dennoch bietet auch der Ansatz von SCHMOLL keine hinreichend objektive Segmentierungslösung. Es handelt sich hier ebenfalls um ein Modell, das hinsichtlich der *Kriterienauswahl, -gewichtung* und *-bewertung* Unsicherheiten unterliegt. Trotzdem wird durch die Verfahrensweise eine Komplexitätsreduktion erreicht, die eine differenzierte Marktbearbeitung ermöglicht.[190] Zu kritisieren ist allerdings, dass aufgrund der Unterschiedlichkeit der vorgeschlagenen Kriterien, rückwirkend kein *Soll-Ist-Abgleich* des Segmentierungsergebnisses möglich ist. Zudem stellen die vorgeschlagenen Potenzialkriterien allesamt indirekte Indikatoren der zukünftigen Bedarfssituation dar.

Im Rahmen einer ganzheitlichen Betreuungsphilosophie erfolgt jedoch eine kontinuierliche Erfassung der Bedarfssituation des Kunden, so dass eine direkte Einbindung der Analyseergebnisse zweckmäßig erscheint.

---

[188] In Anlehnung an Schmoll, Anton (2006), S. 70 f.

[189] Vgl. Schmoll, Anton (2006), S.65

[190] Wie bereits die anderen Methoden gezeigt haben, führt eine Segmentierung auch zu unbefriedigenden Ergebnissen, wenn sie ausschließlich auf messbaren Kriterien basiert. Die Aufnahme weicher Faktoren bietet den Vorteil, in strukturierter Form eine Einschätzung wichtiger, nicht messbarer Aspekte zu erhalten und diese im *Vertriebsmanagement* zu berücksichtigen.

Im nachfolgenden Kapitel soll nun ein erweiterter Segmentierungsansatz konzipiert werden, der die von SCHMOLL vorgeschlagene Systematik grundsätzlich aufgreift, diese aber so modifiziert und weiterentwickelt, dass sie sich harmonisch Vertriebsprozess von Genossenschaftsbanken integrieren lässt.

7 Potenzialorientierte Kundensegmentierung

7.1 Anforderungsanalyse und Zieldefinition

Die Ausführungen zum *ganzheitlichen Betreuungsansatz* haben bereits verdeutlicht, dass dieser nur dann erfolgreich umzusetzen ist, wenn die Marktbearbeitung hinreichend systematisiert ist.[191] Dazu ist es erforderlich den Vertrieb so zu steuern, dass einerseits den Kundenbedürfnissen in ausreichender Form Rechnung getragen wird, die Betreuungsintensität andererseits aber auch an den Potenzial- und Ergebnisbeitrag des Kunden angepasst wird. Um dies leisten zu können muss eine *Feinsegmentierung* im Wesentlichen die folgenden Anforderungen erfüllen:

Der zu entwickelnde Ansatz soll zunächst an das *Grobsegmentierungskonzept* der genossenschaftlichen Bankengruppe anknüpfen und die Bedarfs-, Potenzial und Ergebnissituation je Betreuungseinheit transparent machen. Die Kundensegmentierung soll dabei engagementbezogen erfolgen und nach Möglichkeit auch den Unternehmer als Privatperson mit einbeziehen.[192]

Basierend auf einer genauen Kenntnis seines Kundenstamms soll der Firmenkundenbetreuer über die Feinklassifizierung in die Lage versetzt werden, die Betreuungsressourcen so einzusetzen, dass bei möglichst vielen Unternehmen eine Begeisterungswirkung eintritt und gleichzeitig ein *Overservicing* vermieden wird. Dabei gilt es bestehende Interdependenzen entlang des Vertriebsprozesses in der Segmentierungskonzeption zu berücksichtigen, um die verfügbaren Informationen nutzenoptimal zu verwerten.[193]

Auf Grundlage der *Feinsegmentierung* soll eine *segmentspezifische Betreuungsstrategie* je Subsegment entwickelt werden, die sowohl als Leitlinie für die *Ressourcensteuerung* als auch zur Festlegung des *Betreuungsangebotes* herangezogen werden kann.[194] Die strukturierte Vorgehensweise soll die Produktivität des Betreuungsprozesses durch eine gezielte Potenzialausschöpfung erhöhen.

Hinsichtlich der Segmentierungskriterien hat eine differenzierte Auswahl zu erfolgen, die alle wesentlichen Einflussgrößen der Portfolio-Dimensionen berücksichtigt. Die Kriterien sollen dabei so gewählt werden, dass ein nachgelagerter Validitätsabgleich erfolgen kann. Der Subjektivitätsgrad ist dabei durch eine Mischung *qualitativer* und *quantitativer* Kriterien abzuschwächen.

---

[191] Vgl. Kapitel 5.1.2
[192] Ein wesentliche Zukunftschance wird in einer das betriebliche Engagement übergreifende Betreuung gesehen, vgl. auch *SWOT-Analyse* Kapitel 3.1.4.
[193] Es gilt dazu ein effizientes *Informationsmanagement* zu betreiben, um alle segmentierungsrelevanten Informationen in die Feinklassifizierung einfließen zu lassen, vgl. Kapitel 5.1.1.
[194] Vgl. hierzu Kapitel 9

Die Segmentierung muss zudem eine hohe Operationalisierbarkeit aufweisen, indem sie passgenau in die Betreuungskonzeption integriert wird, um so als Ausgangspunkt des Kundenbindungsmanagements fungieren zu können. In diesem Zusammenhang gilt es auch den Segmentierungsprozess für den Betreuer praktikabel zu gestalten.

Die Subsegmente sind so zu wählen, dass hinreichend große Kundengruppen für eine differenzierte Betreuungsstrategie ermittelt werden können.[195] Außerdem soll die Klassifizierung eine gewisse Zeitstabilität aufweisen.

Die Anforderungen an das Segmentierungskonzept können in nachfolgender Zieldefinition zusammengefasst werden:

Ziel des zu entwickelnden Ansatzes zur Feinsegmentierung ist die Bildung homogener Subsegmente, die eine effiziente bedarfsorientierte Betreuung ermöglichen, um eine nutzenoptimale Umsetzung der Kundenbindungsstrategie zu gewährleisten und somit eine bestmögliche Ertrags- und Potenzialausschöpfung zu erreichen.[196]

7.2 Entwicklung eines Portfolio-Modells im Firmenkundengeschäft

7.2.1 Konzept und Dimensionierung

Zur Erfüllung des Anforderungsprofils ist eine detaillierte Bewertung der Kundenengagements erforderlich, in die eine Reihe von Faktoren einfließen muss, damit eine adäquate Nutzung der Ergebnisse im Rahmen einer differenzierte Betreuungsstrategie erfolgen kann. Zeitlich wird der Fokus sowohl auf die gegenwärtige als auch auf die zukünftige Engagemententwicklung gelegt.

Die vorgenannte Zielsetzung soll mittels *multifaktorieller Portfolio-Analyse* erreicht werden, da die Multifaktorenmethode die Erfassung, Gewichtung und Bewertung aller wesentlichen Merkmale der Geschäftsbeziehung ermöglicht. Des Weiteren eignet sich der Portfolio-Ansatz sehr gut um unterschiedliche Zeitdimensionen abzubilden. Die Vorteile der vorgestellten Segmentierungsansätze sind dabei einzubinden bzw. weiterzuentwickeln.

Es gilt dazu zunächst die relevanten Faktoren festzulegen und so in zwei Dimensionen zu bündeln, dass sie in einer *Portfolio-Matrix* abgebildet werden können.

---

[195] Vgl. Schmoll, Anton (2006), S. 64
[196] Die potenzialorientierte Kundensegmentierung hat Einfluss auf sämtliche Instrumente des Kundenbindungsmanagements und bildet die Basis des ganzheitlichen Vertriebssystems. Sie ist wesentliche Determinante der *Ressourcen-* und *Angebotssteuerung.*

Zur Festlegung der Portfolio-Dimensionen kann grundsätzlich der Systematik von SCHMOLL gefolgt werden, der auf der horizontalen Achse die gegenwärtige und auf der vertikalen Achse die zukünftige Kundensituation darstellt. Die Segmentierungskriterien sollen dabei unter den Dimensionsbezeichnungen *Status* und *Potenzial* subsumiert werden.

Um der strategischen Ausrichtung der Genossenschaftsbanken Rechnung zu tragen, muss die Bedarfsorientierung stärker in den Mittelpunkt der Kundensegmentierung rücken. Dazu soll sowohl die aktuelle als auch die zukünftige Bedarfssituation in der Bewertung berücksichtigt werden und somit in beide Dimensionen einfließen.

Die Problematik bei der Auswahl der Segmentierungskriterien besteht darin, dass quantitative Merkmale teilweise zu ungenau oder zu pauschalierend sind, während qualitative Kriterien der Subjektivität des Betrachters unterliegen. Daher soll der zu entwickelnde Segmentierungsansatz einen Kriterien-Mix aus *hard* und *soft facts* enthalten. Am Beispiel des Grobsegments *Mittelstandskunden* soll in den nächsten beiden Abschnitten die Kriterienauswahl vorgestellt und erläutert werden.[197]

7.2.2 Kriterien zur Erhebung des aktuellen Status

In die Bewertung der *aktuellen Situation* des Kundenengagements sollen primär Faktoren einbezogen werden, die den *aktuellen Ergebnisbeitrag* und die *bisherige Bedarfssituation* erfassen. Dabei soll – konform zum *ganzheitlichen Betreuungsansatz* – sowohl die betriebliche als auch die private Sphäre Berücksichtigung finden. Tabelle 4 zeigt eine Übersicht der im Rahmen der Segmentierungsworkshops ausgewählten Kriterien:[198]

In den bankinternen Informationssystemen ist eine Vielzahl von Kundendaten gespeichert. Es gilt nun diese Informationen für die Segmentierung so zu filtern, dass der Firmenkundenbetreuer nur dann eine subjektive Einschätzung vornehmen muss, wenn die quantitativen Daten nicht aussagekräftig genug sind. Der mit der Segmentierung verbundene Zeitaufwand wird auf diese Weise auf ein notwendiges Minimum beschränkt.

---

[197] Die Klassifizierungskriterien müssen für jedes *Grobsegment* angepasst werden, um die Besonderheiten dieser großen Kundengruppen adäquat zu berücksichtigen. So darf z.B. ein regionales Handwerksunternehmen (*Grobsegment „Gewerbekunde"*) in der Segmentierung nicht benachteiligt werden, wenn es keine Außenhandelsdienstleistungen in Anspruch nimmt.

[198] Zur Kriterienauswahl wurden unter Einbezug von Fachexperten aus der Praxis Segmentierungsworkshops im *Grobsegment „Mittelstand"* durchgeführt, die der Verfasser geleitet hat. Die erarbeitete Struktur ist unter geringfügigen Modifikationen auch für andere *Grobsegmente* einsetzbar. Diese Modifikationen sind jedoch **nicht** Gegenstand der vorliegenden Arbeit.

Allgemeine Kriterien	
• *Intensität der Bankverbindung*	
• Deckungsbeitrag der Betreuungseinheit p.a.	
• Deckungsbeitrag der Betreuungseinheit p.a. Firmenumsatz der Unternehmensgruppe	
Kriterien – Beziehung zum Unternehmen	**Kriterien – Beziehung zum Unternehmer**
Leistungsanalyse – Betriebliche Bedarfsfelder	**Leistungsanalyse – Private Bedarfsfelder**
• Bedarfsfeld Liquidität und Zahlungsverkehr Zahlungsverkehr:	• Bedarfsfeld Zahlungsverkehr
- Kontokorrent	- Kontokorrent
- Auslandszahlungsverkehr	- eBanking
- eBanking	- Kreditkartengeschäft
- Kreditkartengeschäft	• Bedarfsfeld Immobilien und Finanzierung
Kurzfristfinanzierung:	- Dispositionskredit
- Kontokorrent- / Termingeldkredit	- Private Anschaffungsdarlehen
- Factoring	- Wohnbaufinanzierungen
- Avalkredit	• Bedarfsfeld private Vermögensanlage
• Bedarfsfeld Investition und Finanzierung	- Tages- und Festgeld
Mittel- / Langfristfinanzierung:	- Wertpapieranlage / Vermögensverwaltung
- Bankdarlehen	- Bausparen
- öffentliche Förderprogramme	- Immobilien
- Leasing	• Bedarfsfeld Absicherung und Vorsorge
- Vermittlung von Darlehen	- Sachversicherungen
- Währungskredite	- Lebensversicherungen
• Bedarfsfeld Vermögensanlage	- Krankenversicherungen
Kurzfristanlage:	
- Tages- und Festgeld	
Langfristanlage:	
- Wertpapieranlage / Vermögensverwaltung	
• Bedarfsfeld Risiko und Absicherung	
Absicherung:	
- Sachversicherungen	
Vorsorge:	
- Betriebliche Altersvorsorge	
Branchensituation	
• Umsatzentwicklung	
• *Kundenentwicklung im Vergleich zur Branche*	
Volkswirtschaftliche Rahmenparameter – Unternehmen	**Volkswirtschaftliche Rahmenparameter – Unternehmer**
• KfW-ifo-Mittelstandsbarometer Lagebeurteilung	• Regionale Kaufkraftkennziffer
	• Entwicklung der Sparquote

Tabelle 4: Segmentierungskriterien zur Statuserhebung

Der *Status der Geschäftsbeziehung* lässt sich relativ gut durch die Nutzung des vorhandenen Datenmaterials abbilden. Die benötigten Daten können aus einem

CRM-System exportiert und somit für die Segmentierung nutzbar gemacht werden.[199] Zur Statuserfassung sind daher nur wenige weiche Faktoren (in Tabelle 4 durch *kursiven Schriftschnitt* gekennzeichnet) abzufragen.

Insgesamt lassen sich die Kriterien den Bereichen *Ergebnisbeitrag*, *Leistungsanalyse*, *Branchensituation* und *volkswirtschaftliche Rahmenparameter* zuordnen. Da durch die Kundensegmentierung eine engagementindividuelle Betrachtung erfolgen soll, liegt der Schwerpunkt auf den beiden erstgenannten Merkmalsgruppen. Wesentliche Aspekte der Kriterienstruktur sollen nachfolgend erläutert werden:

Der *Ergebnisbeitrag* des Engagements wird maßgeblich am *Gesamtdeckungsbeitrag der Betreuungseinheit* gemessen.[200] Zusätzlich wird ein Quotient aus Deckungsbeitrag und Firmenumsatz gebildet, um unterschiedliche Unternehmensgrößen in die Bewertung mit einzubeziehen. So soll es sich beispielsweise positiv auf das Segmentierungsergebnis auswirken, wenn ein relativ kleiner Mittelständler einen hohen Deckungsbeitrag aufweist.

Als weiches Merkmal ist in dieser Kriteriengruppe vom Firmenkundenbetreuer die *Intensität der Bankverbindung* einzuschätzen. Hier soll beurteilt werden, wie aktiv der Kunde die Geschäftsverbindung im Verhältnis zum Wettbewerb nutzt.

Im Rahmen der *Leistungsanalyse* wird die gegenwärtige Bedarfssituation des Kunden betrachtet. Die Bankleistungen sind zu Gruppen zusammengefasst und den zugehörigen Bedarfsfeldern zugeordnet. Es ergibt sich auf diese Weise eine bedarfsorientierte Sicht auf das Leistungsportfolio.[201]

Die Leistungszuordnung orientiert sich an den Vorgaben des *BVR*, der in den Konzepten zum *VR-Finanzplan Mittelstand* (betriebliche Sphäre) und zum *VR-Finanzplan* (private Sphäre) Produktübersichten je Bedarfsfeld erstellt hat.[202] Diese wurden für die Segmentierung gestrafft, so dass nur solche Produkte und Dienstleistungen berücksichtigt werden, die steuerungsrelevant sind und einen Umsatzbeitrag erzielen. Dienstleistungen, die im Sinne einer Kundenbindungsstrategie zur Erzielung einer Begeisterungswirkung als kostenloser Zusatzservice angeboten werden, dürfen nicht einfließen. Es handelt sich bei selbigen um Mehrwertleistungen, die als bankseitige *Investitionen* in die Geschäftsbeziehung zu verstehen sind.[203] Da die Volks- und Raiffeisenbanken

---

[199]   Zur Datenversorgung eignen sich Kernbankanwendungen wie z.B. *bank21 (GAD eG)* oder *agree (FIDUCIA IT AG)*. Idealerweise wird die Segmentierung aber unter Nutzung firmenkundenbankspezifischer Spezialsoftware, wie *MinD.banker (BMS Consulting GmbH)* durchgeführt, da auf diese Weise eine optimale Versorgung mit geschäftsfeldspezifischen *quantitativen* und *qualitativen* Daten gewährleistet werden kann.

[200]   Es handelt sich hierbei um den periodischen Jahresdeckungsbeitrag des Engagements inklusive sämtlicher Provisionen aus dem genossenschaftlichen *FinanzVerbund*.

[201]   Zu Verwendung und Nutzen der Leistungsanalyse vgl. Kapitel 7.2.4.

[202]   Vgl. für die betriebliche Produktübersicht BVR (2006f).

[203]   Zum zielgerichteten Einsatz solcher Mehrwertleistungen im Rahmen der Betreuungsstrategie vgl. Kapitel 9

derzeit i.d.R. keine bepreisten betriebswirtschaftlichen Beratungsdienstleistungen anbieten, findet das Bedarfsfeld *Unternehmensmanagement* in der Klassifizierung keine Berücksichtigung.

Hinter der Aufnahme der Kriteriengruppen **Branchensituation** und **volkswirtschaftliche Rahmenparameter** steckt die Überlegung, dass der Firmenkunde permanent durch das volkswirtschaftliche Umfeld tangiert wird. Auf der betrieblichen Seite kommen dazu noch branchenspezifische Einflüsse hinzu. Von diesen Prämissen ausgehend sollen die Rahmenbedingungen in das Segmentierungsergebnis einfließen, um die Kundensituation möglichst realitätsnah darzustellen.

7.2.3 Kriterien zur Erhebung des Potenzials

Um die Segmentierungsergebnisse einem *Soll-Ist-Vergleich* unterziehen zu können müssen sich die Kriterien zur Potenzialerhebung weitgehend mit Statuskriterien decken. Auf diese Weise kann rückwirkend überprüft werden, ob das gegenwärtige Statusergebnis mit der Potenzialeinschätzung des Vorjahres übereinstimmt.

Dieser Anforderung wird Folge geleistet, indem bei der Kriterienauswahl nur auf solche Kriterien zurückgegriffen wurde, die auch eine Potenzialeinschätzung ermöglichen. Die weitgehend kongruente Kriterienauflistung findet sich in Anhang 11.

Der große Unterschied zur Statusbetrachtung ist, dass die Potenzialkriterien weitestgehend der qualitativen Bewertung der Firmenkundenbetreuer unterliegen.[204] An dieser Stelle ergibt sich eine Interdependenz zum ganzheitlichen Betreuungsansatz, denn die Potenzialeinschätzung wird umso genauer sein je detaillierter der Betreuer die Ziele und Pläne des Kunden analysiert hat. Es erscheint daher sinnvoll die Potenzial-erfassung an den intensiven Kundendialog im Rahmen des ganzheitlichen Strategiegespräches zu koppeln.[205]

7.2.4 Kriterienscoring

Nach der grundsätzlichen Auswahl der Klassifizierungsmerkmale soll nachfolgend das für die genossenschaftliche Bankengruppe entwickelte *Scoringverfahren* am Beispiel des Grobsegments *Mittelstand* erläutert werden.

Kriterienbewertung

Die Ausprägung der gewählten Segmentierungskriterien ist so zu beurteilen und zu gewichten, dass sich eine möglichst realitätsnahe Gesamteinschätzung für die jeweilige *Portfolio-Dimension* ergibt. Die Bandbreite der *Scorewerte* liegt zwischen null und vier Punkten. Die geeignete Abstufung der Auswahlmöglichkeiten ist – besonders bei *qualitativen Merkmalen* – von entscheidender Wichtigkeit. Dabei ist darauf zu achten,

---

[204] Vgl. *kursiv gestellte* Kriterien in Tabelle 13 in Anhang 11.
[205] Vgl. Kapitel 7.4.1

dass die Unterteilung transparent und verständlich ist. Die Besonderheiten sollen nun an einigen Beispielen veranschaulicht werden.

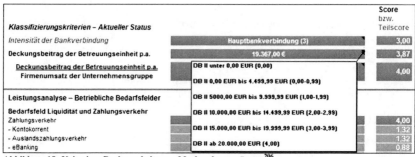

Abbildung 18: Kriterium Deckungsbeitrag – Merkmalsausprägung[206]

Der *Deckungsbeitrag der Betreuungseinheit p.a.* wird über bankinterne Informationssysteme für die Segmentierung bereitgestellt. In einem Kommentarfeld ist dabei aufgeschlüsselt, wie sich der *Scorewert* errechnet. Die Punktverteilung orientiert sich an den Ergebnissen der *zeb/Firmenkundenstudie 2004*, die geeignete *Benchmarks* für die Einschätzung des aktuellen Ergebnisbeitrags liefert.[207] Der entsprechende Betrag wird auf zwei Dezimalstellen genau in einen Punktwert überführt.[208]

Die *Leistungsanalyse* folgt einer anderen Systematik: Die unterschiedlichen Produkte und Dienstleistungen wurden dazu in *Nutzungsgruppen* zusammengefasst. Innerhalb dieser Einheiten galt es im Rahmen von Segmentierungsworkshops die relative Wichtigkeit der einzelnen Bankleistungen so festzulegen, dass sich aggregiert 100% ergeben. Die *Nutzungsgruppen* wurden dabei im betrieblichen Bereich auf Basis der *Leistungsgruppen* und in der privaten Sphäre auf Basis der *Bedarfsfelder* gebildet.[209] Die Auswertung der Leistungsnutzung liefert eine zentrale Kundendatenbank, wobei in der Segmentierung lediglich abgebildet wird, ob das Produkt oder die Dienstleistung in Anspruch genommen wird oder nicht. Eine Inanspruchnahme sämtlicher Bank-

---

[206] Eigenentwickeltes Segmentierungstool

[207] Im Rahmen einer empirischen Analyse wurden in unterschiedlichen Unternehmensgrößenklassen *DB-II-Zielwerte* (Zins- und Provisionserlöse ./. Standardrisikokosten) errechnet, vgl. hierzu detailliert Käser, Burkhard et al. (2004), S. 13 f..

[208] Die Errechnung des Scorewerts des Kriteriums *Deckungsbeitrag* kann demnach mathematisch wie folgt abgebildet werden:

$$Score(DBII) = \begin{cases} 0, & \text{falls } DBII = 0 \\ \dfrac{4}{20.000} \cdot DBII, & \text{falls } 0 < DBII \leq 20.000 \\ 4, & \text{falls } DBII > 20.000 \end{cases}$$

[209] Die zusätzliche Abstufung in der betrieblichen Sphäre wird aufgrund des großen Umfangs des Leistungsportfolios vorgenommen. Zur vertrieblichen Nutzung der Detailinformationen vgl. Kapitel 9

leistungen innerhalb einer Nutzungsgruppe entspricht dem *Scorewert 4*, dabei werden die relativen Wichtigkeiten der Leistungen in eine entsprechende *Teilscore* transformiert und aufsummiert.[210]

Abbildung 19: Betriebliche Leistungsanalyse[211]

Abbildung 20: Private Leistungsanalyse[212]

Die Abgrenzung von quantitativen Umfeldfaktoren ist für die *Entwicklung des Branchenumsatzes* durch das *BVR-Branchen special* weitgehend vorgegeben und für die Scorewerte des *KfW-ifo-Mittelstandsbarometers*, der *regionalen Kaufkraftkennziffer* und der *Sparquote der privaten Haushalte* leicht abzuleiten.[213]

An den weichen Segmentierungsfaktoren sind jeweils Kommentarfelder hinterlegt, die ein einheitliches Verständnis, sowie eine Abgrenzung der Merkmalsausprägungen ermöglichen (vgl. Abbildung 21)

Kriteriengewichtung

Die Klassifizierungsfaktoren fließen aufgrund von sachlogischen Überlegungen gewichtet in die Gesamtbewertung der Portfolio-Dimensionen ein. In den Vorkapiteln wurde bereits mehrfach erläutert, dass die *Bedarfsorientierung* ein zentrales Element einer *ganzheitlichen Betreuungsphilosophie* darstellt. Somit muss dieser Aspekt durch die Gewichtung in beiden Dimensionen in den Vordergrund treten. Weitere Kriterien

---

[210] Vgl. Abbildung 19 und 20. In der Praxis ist zusätzlich zu berücksichtigen, dass bestimmte Bankleistungen sich auch untereinander ausschließen können. In so einem Fall muss der Maximalwert von 4 in der jeweiligen Nutzungsgruppe auch dann erreichbar sein, wenn nicht alle Leistungen in Anspruch genommen werden. Da eine solche Bedingung in einer Datenbankabfrage relativ einfach zu integrieren ist, wird der Sachverhalt an dieser Stelle nicht weiter vertieft.

[211] Eigenentwickeltes Segmentierungstool

[212] Eigenentwickeltes Segmentierungstool

[213] Vgl. Abbildung 44 und 45 in Anhang 12

von hervorgehobener Wichtigkeit stellen der gegenwärtige und zukünftige Deckungsbeitrag der Betreuungseinheit dar.

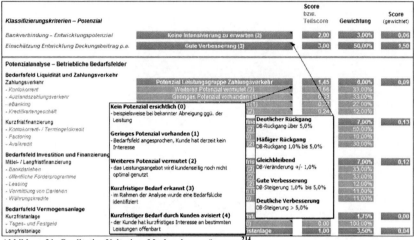

Abbildung 21: Qualitative Kriterien: Merkmalsausprägungen[214]

Im vorliegenden Segmentierungsansatz wurden auf Basis von Vertriebsüberlegungen und aufgrund von Erfahrungswerten, die Merkmale jeweils mit einer prozentualen Gewichtung belegt. Die *Kriteriengewichtungen* der einzelnen Portfolio-Dimensionen musste dabei 100% ergeben. Eine solche Gewichtungsstruktur sollte langfristig angelegt sein und nur bei Änderungen der *Vertriebsphilosophie* modifiziert werden. Außerdem hat die Gewichtung *grobsegmentspezifisch* erfolgen.

Aus der Multiplikation von Scorewert und Gewichtung errechnet sich eine gewichtete Score. Die gewichteten Ergebnisse ergeben in der *dimensionsbezogenen* Addition einen Gesamtpunktwert. Setzt man diesen ins Verhältnis zur *Maximalscore* erhält man eine Bewertungsziffer zwischen 0 und 100. Der gesamte Bewertungsvorgang wird für den Firmenkundenbetreuer in einem Profil veranschaulicht. So werden kriterienspezifische Tendenzen erkennbar und eine Transparenz des Segmentierungsprozesses erreicht.[215]

7.2.5 Portfolio-Positionierung und Segmentierungsstufen

Um hinreichend große Kundengruppen zu erhalten wird das Portfolio analog zur *BCG-Matrix* und zum Ansatz von SCHMOLL in vier Felder aufgeteilt. Die Kundenengagements sind in den Stufen *Star*, *Potential*, *Cash Cow* und *Standard* im Portfolio wie folgt kategorisiert:

---

[214] Eigenentwickeltes Segmentierungstool

[215] Eine grafische Darstellung erfolgt in ein einem Bewertungsbereich, vgl. hierzu die Abbildungen 46 bis 49 in Anhang 12.

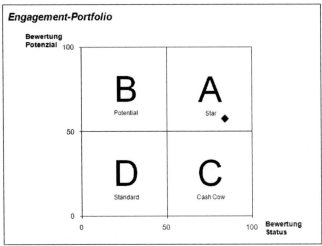

Abbildung 22: Engagement-Portfolio[216]

Hinsichtlich der daraus ableitbaren segmentspezifischen Betreuungsstrategien wird an dieser Stelle auf Kapitel 9 verwiesen.[217]

Die Positionierung des Firmenkundenengagements im Portfolio erfolgt, indem die im *Scoring-Verfahren* ermittelten Bewertungsziffern in das Koordinatensystem eingetragen werden. Die Dimensionsachsen sind dabei dem Wertebereich der Bewertungsziffern angepasst und unterteilen das Portfolio ab einem Wert von 50, so dass sich die vorgenannten vier Segmentierungsstufen ergeben.

7.3 Ressourcenbindung und Risikosituation

Das soeben vorgestellte *Firmenkunden-Portfolio* klassifiziert die Engagements nach *Status* und *Potenzial* und unter besonderer Berücksichtigung von Bedarfssituation und -perspektive. Die aktuelle *Betreuungsintensität* und die *Risikosituation* finden in der Darstellung keine Berücksichtigung, da es nach Ansicht des Verfassers sinnvoll ist diese beiden Komponenten gesondert zu betrachten.

7.3.1 Das Ressourcen-Portfolio

Die Betreuungsintensität stellt dabei eine Steuerungsgröße dar, die basierend auf dem Ergebnis der *Feinsegmentierung* vorgegeben werden soll. Daher erscheint es interessant, die aktuelle *Betreuungsintensität* im Vergleich zu den Dimensionsergebnissen zu

---

[216] Eigenentwickeltes Segmentierungstool
[217] In Kapitel 9 soll eine Verknüpfung des *Feinsegmentierungsansatzes* aus Kapitel 7 mit den Ergebnissen der *Analyse der Kundenanforderungen* aus Kapitel 8 erfolgen.

beurteilen. Hierzu können Auswertungen aus dem *Aktivitätencontrolling* in die Segmentierung integriert werden. Beispielhaft kann dabei die Ressourcenverwendung nach den folgenden drei Gesprächstypen ermittelt und bewertet werden:

- Ganzheitliche Betreuungsgespräche,
- anlassbezogene Beratungen und
- Kurzkontakte.

Diese werden als Kriterien gewichtet in einem *Ressourcen-Scoring* zusammengefasst, um danach in einem *Ressourcen-Portfolio* abgebildet zu werden.[218] Das Gesamtergebnis der *Ressourcenbewertung* wird dabei von der x-Achse abgetragen, während die Bewertungsziffern der Dimensionen *Status* und *Potenzial* auf der y-Achse Berücksichtigung finden. Da es sich aufgrund der technischen Verfügbarkeit der Daten um quantitative Kriterien handelt bedeutet die zusätzliche Betrachtungsweise keinen Mehraufwand für den Betreuer, liefert aber sehr wohl einen Mehrwert: Es wird veranschaulicht, inwiefern die bisherige *Betreuungsintensität* zum aktuellen *Engagementstatus* und zur *Potenzialeinschätzung* passt. Für den Firmenkundenbetreuer wird sofort ersichtlich, ob die Betreuungsintensität einer Anpassung bedarf (vgl. Abbildung 23):

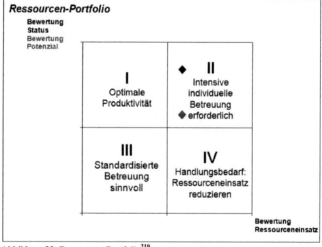

Abbildung 23: Ressourcen-Portfolio[219]

---

[218] Vgl. Abbildung 49 in Anhang 12 und Abbildung 23 auf der nachfolgenden Seite.

[219] Eigenentwickeltes Segmentierungstool

7.3.2 Das Risiko-Portfolio

Gerade im kreditintensiven Firmenkundengeschäft muss auch die Risikosituation gewürdigt werden. Diese sollte im Rahmen des *Vetriebsmanagements* jedoch nicht im
Vordergrund stehen.

Mit der Einführung von *Basel II* wurde in den letzten Jahren Ratingsysteme für das
mittelständische Firmenkundengeschäft in allen Institutsgruppen implementiert. Im
Genossenschaftssektor wird hier das *BVR-II-Rating* eingesetzt, dass unter Einbezug
quantitativer (aus dem Jahresabschluss) und *qualitativer* (strukturierter Rating-
Fragebogen) Daten eine Einstufung der Bonität und die Ermittlung der Ein-Jahres-
Ausfallwahrscheinlichkeit des Firmenkunden intendiert. [220]Es handelt bei dem System
ebenfalls um ein Multifaktoren-Scoring, welches Teilscores für den *Jahresabschluss*
und für die *qualitativen Fragen* vergibt. Diese Komponenten sollen nun zusammen mit
der *Besicherungsquote* in einem zusätzlichen *Risiko-Portfolio* (vgl. Abbildung 24)
zusammengefasst werden, so dass beurteilt werden kann, ob Risiko und Status in einem angemessenen Verhältnis stehen und, ob die Potenzialeinschätzung die Risikopo-
sition rechtfertigt.[221]

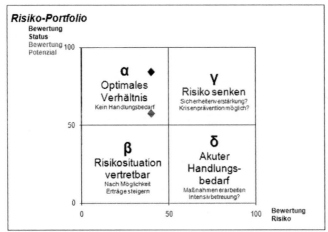

Abbildung 24: Risiko-Portfolio

7.4 Konsequenzen für das Vertriebsmanagement

Nachdem die Konzeption des Segmentierungsansatzes für Genossenschaftsbanken nun
abgeschlossen ist, stellt sich die Frage wie die Klassifizierung idealerweise in die

---

[220] Vgl. für einen Überblick beispielsweise Klingbeil, Ernst / Yousefian, Patrick (2002), S. 28 f. oder
       Nowak, Helge (2002), S. 22 ff.
[221] Vgl. hierzu grafisch Abbildung 24

Vertriebspraxis zu integrieren ist. Hierzu soll zunächst grafisch gezeigt werden, welche Interdependenzen entlang des Vertriebsprozesses bestehen, um darauf basierend eine idealtypische vertriebliche Nutzung der potenzialorientierten Segmentierung zu skizzieren.

Abbildung 25 zeigt vereinfachend die Wechselwirkungen der entwickelten *Feinsegmentierungsmethodik*, indem lediglich die Schnittstellen entlang des Vertriebsprozesses dargestellt wurden. Dabei sind alle Aspekte, die einen direkten oder indirekten Einfluss, auf die Feinsegmentierung haben, in schwarz hervorgehoben. In der Betrachtung wird zwischen der *strategischen* und *operativen* Ebene unterschieden.

Bevor der operative Regelkreis des um die Feinsegmentierung erweiterten Betreuungsprozesses erläutert wird, sind die strategischen Verflechtungen zu erklären:

Es wurde bereits angeführt, dass die Segmentierungskriterien *grobsegmentspezifisch* festzulegen sind. So haben *Veränderungen der Grobsegmentstruktur* zwangsläufig eine Überprüfung der *Feinklassifizierungsmerkmale* zur Folge, damit die Verfahren sich optimal ergänzen.

Die zweite strategische Einflussgröße ist in der Planung zu sehen. Im Firmenkunden-geschäft wird häufig eine integrierte *Top-down-/Bottom-up-Vertriebsplanung* verwendet.[222] Die Feinklassifizierung verbessert beide Seiten des Planungsprozesses, indem sie eine differenziertere *Top-Down-Planung* ermöglicht und den Firmen-kundenbetreuern die *operative Bottom-Up-Planung* erleichtert. Durch die *Feinsegmen-tierung* wird das Kundenportfolio der Betreuer strukturiert. Somit können je Subsegment unterschiedliche Zielvorgaben festgelegt werden, die sich am aktuellen *Status* und *Potenzial* der Engagements orientieren. Die Betreuer haben mit den leistungsbezogenen Potenzialeinschätzungen eine strukturierte Planungsgrundlage, die auf einem ganzheitlichen Kundendialog beruht.[223] Mehr Transparenz wird auch im Be-reich der Risikosteuerung erreicht, da durch das *Risiko-Portfolio* festzustellen ist, wie sich die Ausfallrisiken auf die Subsegmente verteilen. Dies würde zum Beispiel eine unterschiedliche Risikolimitierung je Feinsegment denkbar machen.

Während die *Grobsegmentierung* als strategischer Rahmen der Marktbearbeitung fun-giert, ist die *Feinsegmentierung* als Ausgangspunkt eines effizienten Betreuungs-prozesses zu verstehen. Wie in Abbildung 25 veranschaulicht ergibt sich ein *operati-ver Kreislauf der Kundenbetreuung*, dessen idealtypischer Verlauf wie folgt aussieht.

---

[222] Vgl. Krauß, Carsten (2006), ohne Seitenangabe
[223] Die Jahresplanung verläuft leistungsgruppenorientiert, durch die Aufnahme der steuerungsrelevan-ten Leistungen in Feinsegmentierung können die Segmentierungsergebnisse je Betreuer zusam-mengefasst und in der Planung verwendet werden.

7.4.1 Wechselwirkungen der Kundensegmentierung im Vertriebsprozess

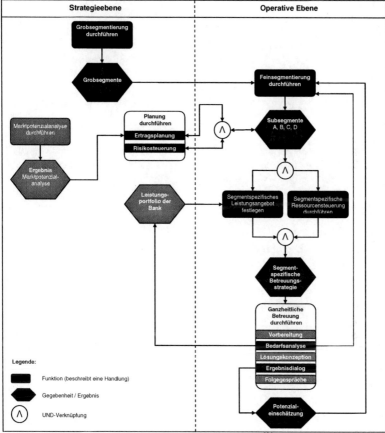

Abbildung 25: Regelkreis einer zweistufigen Kundensegmentierung[224]

Die für die *Feinsegmentierung* notwendigen qualitativen Informationen werden betreuerseitig im Rahmen des turnusgemäßen *ganzheitlichen Strategiedialoges* erhoben. Auf Basis der Gesprächsergebnisse erfolgt je Bedarfsfeld eine strukturierte Potenzialeinschätzung im Segmentierungstool. Diese vorläufige Bewertung kann bis zu einem jährlichen Segmentierungsstichtag überarbeitet und modifiziert werden. Zwei Wochen vor Beginn des *Feinsegmentierungslaufes*, wird zur Erledigung der noch nicht bearbeiteten und zur Prüfung der eingegebenen Segmentierungsbögen aufgerufen. Das Klassifizierungsergebnis wird operativ zum *segmentspezifischen Zuschnitt* des *Leistungsangebotes* und zur Priorisierung der Vertriebsaktivitäten

---

[224] Eigene Darstellung.

verwendet.[225] Etwaige Bedarfe in einzelnen Leistungsfeldern können als Vertriebsimpulse in das jeweilige *CRM-System* überführt werden. Die Kriterienbewertung wird dann im nächsten Strategiegespräch wieder an die dann aktuelle Situation angepasst. Aufgrund der Tatsache, dass die Firmenkundenbetreuer gemäß *VR-Finanzplan Mittelstand* sowieso mindestens ein *StrategieGespräch* pro Jahr mit ihren Kunden führen und die Gesprächsnachbereitung bisher lediglich uneinheitlich erfolgt, bedeutet das *Segmentierungsprozedere* – bis auf die erstmalige Segmentierung – **keinen** nennenswerten Mehraufwand. Vielmehr wird die sowieso notwendige Festhaltung der Gesprächsergebnisse in eine vertrieblich weiterverwendbare Struktur gebracht.

7.4.2 Validität der Segmentierungsergebnisse

Die bisherigen Ausführungen zur *Portfolio-Analyse* haben verdeutlicht, dass es erforderlich ist, einen Weg zu finden mit den auftretenden Unsicherheiten und der *Subjektivität* der Methode umzugehen.

Die in Kapitel 6.3.2 vorgestellten *Multifaktorenansätze* können nicht ohne weiteres auf ihre Validität überprüft werden, da sie mit unterschiedlichen Faktoren für die Status- und die Potenzialdimension arbeiten. Aufgrund der gleichartigen Kriterienstruktur können die verwendeten Subsegmentzuordnungen – mit der in diesem Kapitel entwickelten Vorgehensweise – statistisch auf ihre Genauigkeit überprüft werden. Dies kann nach Ablauf eines Segmentierungszeitraumes im Rahmen einer statistischen Abweichungsanalyse geschehen. So können die Segmentierungsergebnisse beispielsweise daraufhin überprüft werden, ob sich signifikante Ergebnisabweichungen auf bestimmte Betreuer konzentrieren, um so Fehleinschätzungen zu identifizieren. Unter Einsatz *multivariater Analysemethoden* wäre auch die Überprüfung der Merkmalsausprägungen und der Gewichtung denkbar. Allerdings bleibt abzuwarten, ob sich dieser Ansatz als Gütemaß trotz der Vielzahl ergebnisbeeinflussender Komponenten als praktikabel erweist. Falls dies nicht der Fall sein sollte, kann die Segmentierungshistorie dazu verwendet werden, einen statistischen Bereinigungsfaktor je Dimension zu ermitteln, der die tatsächliche Bewertungsziffer um einen durchschnittlichen Fehler bereinigt. Für eine solche Bereinigung, sollte allerdings eine mehrjährige Segmentierungshistorie zur Verfügung stehen, um aussagefähige Ergebnisse zu erhalten.

Die hier genannten Validierungsansätze sind jedoch nur als Ideen zu verstehen. Eine differenziertere Aussage kann erst getroffen werden, nachdem eine Segmentierungshistorie aufgebaut wurde. Die Datensätze sind dann mit mehreren statistischen Verfahren zu analysieren, um unter den eingesetzten Methoden die am besten Geeignete herauszufiltern.

---

[225] Vgl. hierzu Kapitel 9

8. Anforderungsstrukturen im Firmenkundengeschäft – Eine empirische Analyse

8.1 Ziel der Erhebung

In Kapitel 7.4.1 wurde ausgeführt, dass die Ergebnisse der *Feinsegmentierung* zur *segmentspezifischen Zuordnung des Leistungsangebotes* herangezogen werden können. In diesem Zusammenhang ist allerdings auch zu überprüfen, ob die *Bedarfssituation* durch *Leistungsportfolio* hinreichend abgedeckt werden kann. Daneben erscheint es interessant die Beziehungsmerkmale nach ihrer Relevanz für die Geschäftsbeziehung zu strukturieren, um die daraus resultierenden Erkenntnisse bei der Festlegung der Betreuungsressourcen zu berücksichtigen und diese im Vertrieb aktiv zu nutzen.

Dazu soll die *Anforderungsstruktur* der Firmenkunden sowohl bezogen auf das *Leistungsportfolio* als auf verschiedene *Beziehungsmerkmale* untersucht werden. Ziel ist es auf Basis einer empirischen Untersuchung *Basis-, Leistungs-* und *Begeisterungsanforderungen* im Firmenkundengeschäft zu identifizieren. Wie bereits in Kapitel 4.2 dargelegt ist die Kenntnis der Kundenanforderungen als notwendige Determinante einer erfolgreichen Kundenbindungsstrategie anzusehen. Insbesondere den Begeisterungskomponenten kommt dabei eine entscheidende Rolle zu, da ihre Erfüllung die Entstehung einer langfristig orientierten, *belastbaren* Geschäftsbeziehung ermöglicht.[226]

Im Kontext der Kundenbegeisterung wird häufig diskutiert, ob sich das Rollenverständnis des Firmenkundenbetreuers zur Erzielung einer begeisternden Differenzierungswirkung ändern muss. So schlagen mehrere Autoren vor, dass sich der Firmenkundenbetreuer zu einem *unternehmerischen Ratgeber* entwickeln müsse.[227] Vor diesem Hintergrund soll diese These in der empirischen Analyse Berücksichtigung finden.

8.2 Untersuchungsdesign

8.2.1 Wahl der Analysemethode

Da in der vorliegenden Arbeit dem *Kano-Modell* gefolgt wird, ist ein Verfahren auszuwählen, welches in der Lage ist die *Drei-Faktor-Struktur der Kundenanforderungen* abzubilden. Im Wesentlichen sind hier die an die Modellbezeichnung angelehnte *Kano-Methode* und das *Importance Grid* zu nennen. Nach einer überblicksartigen

---

[226] Die Erfüllung von Begeisterungsanforderungen ruft positive Emotionen hervor, die die Intensität der Kundenbindung in den beiden Bindungsdimensionen der Ge- und Verbundenheit begünstigen, vgl. hierzu u.a. Kapitel 4.2.2

[227] Vgl. u.a. Schmoll, Anton (2006), S. 89 oder Schmidt, Thomas (2001), S. 151ff.

Vorstellung der beiden Methoden, soll das hier zur Anwendung kommende *Importance Grid* näher erläutert werden.

Kano-Methode

Im Rahmen des *Kano-Verfahrens* wird zur Klassifizierung der Anforderungsstruktur ein Fragebogen eingesetzt, der die Beurteilung der Leistungseigenschaften jeweils durch eine *funktionale* und eine *dysfunktionale* Form der Frage ermittelt.[228] Die erste Frage bezieht sich auf die Reaktion des Befragten bei Vorhandensein der Leistungskomponente, die zweite auf ihr Nichtvorhandensein.[229] Auf den Untersuchungskontext bezogen könnte eine Fragenkombination beispielsweise wie folgt aussehen:

- funktional:
  „Wenn Ihre Hausbank Sie bei der Liquiditätsplanung unterstützt, wie denken Sie darüber?"

- dysfunktional:
  „Wenn Ihre Haubank Sie bei der Liquiditätsplanung nicht unterstützt, wie denken Sie darüber?"

Dem Befragten stehen jeweils fünf Auswahlmöglichkeiten zur Verfügung, die bei allen Fragen identisch sind. Die Antworten werden über eine Auswertungsmatrix in eine Ergebnistabelle überführt, welche eine Zuordnung der Leistungseigenschaften zu den Anforderungstypen ermöglicht.

Gegen eine Anwendung der *Kano-Methode* im Rahmen einer Unternehmensbefragung im Firmenkundengeschäft bestehen vor allem Praktikabilitätsbedenken.[230] So würde für die Untersuchung der Leistungs- und Beziehungsmerkmale ein sehr langer Fragebogen benötigt. Des Weiteren ist davon auszugehen, dass sich dem Befragten die Sinnhaftigkeit der Fragetechnik nicht erschließt. Dieser Vermutung verstärkt sich nochmals, wenn man berücksichtigt, dass das *Leistungsportfolio* von Kreditinstituten eine gewisse Abstraktheit aufweist. So ist der Firmenkundenbetreuer gefordert auch latente Bedarfe zu erkennen, die dem Kunden als solche noch nicht bewusst sind. Aufgrund der Komplexität und des Abstraktionsniveaus kann der Einsatz der Methodik als kaum für eine schriftliche Befragung geeignet eingestuft werden und wird daher nicht weiter verfolgt.[231]

---

[228] Dabei ist die *dysfunktionale* Formulierung als Negierung der *funktionalen* Frage zu verstehen.

[229] Vgl. Matzler, Kurt et al. (2006), S. 302 f.

[230] Da aufgrund der problematischen praktischen Anwendung von einer Verwendung der *Kano-Methode* abgesehen wird, wird an dieser Stelle auf eine detaillierte Darstellung der Ergebnisauswertung verzichtet.

[231] Eine kritische Würdigung der Methodik findet sich außerdem u.a. bei Sauerwein, Elmar (2000) und Bailom, Franz et al. (1996)

Importance Grid

Eine relativ neuartige Methode zur Ermittlung der Anforderungsstruktur stellt das von VAVRA entwickelte *Importance Grid* dar. Es wird dabei von der Prämisse ausgegangen, dass zwischen einer *expliziten* und einer *impliziten* Wichtigkeit unterschieden werden kann. Dabei erfasst die *explizite* Wichtigkeit eine direkt artikulierte Wichtigkeitseinschätzung des Kunden, während die *implizite*, indirekte Wichtigkeit die tatsächliche Zufriedenheits- und Emotionswirkung beschreibt.[232]

Die drei Anforderungstypen werden in Tabelle 5 den unterschiedlichen Wichtigkeitsdimensionen zugeordnet:

Anforderungstyp	Explizite Wichtigkeit	Implizite Wichtigkeit
Basisanforderungen	• werden bei direkter Nachfrage als sehr wichtig eingestuft, da sie als Grundbedürfnis angesehen werden	• geringe Emotions- und Zufriedenheitswirkung, führen lediglich zu einem Status der Nicht-Unzufriedenheit
Leistungsanforderungen	• können als wichtig oder unwichtig beurteilt werden • Unterschiede werden im Wettbewerbsvergleich direkt wahrgenommen	• indifferente Emotions- und Zufriedenheitswirkung: → bei hoher expliziter Wichtigkeit, hohe Wirkung → bei niedriger expliziter Wichtigkeit, niedrige Wirkung
Begeisterungs-anforderungen	• werden als eher unwichtig eingeschätzt, da sie nicht erwartet werden	• hohe Emotions- und Zufriedenheitswirkung, führen zu einer Kundenbegeisterung

Tabelle 5: Explizite und implizite Wichtigkeit von Kundenanforderungen[233]

Das Verfahren bildet auf diese Weise die grundsätzlichen Annahmen des *Kano-Modells* ab, was nachfolgend exemplarisch erläutert wird:

Ein Firmenkunde, der nach der Wichtigkeit einer schnellen und ordnungsgemäßen Ausführung seiner Überweisungsaufträge gefragt wird, wird die Leistungserfüllung als Grunderwartung an die Geschäftsbeziehung ansehen und somit ihre Erfüllung als sehr wichtig einstufen. Allerdings führt das Vorhandensein der Leistungseigenschaft lediglich zu einem Status der *Nicht-Unzufriedenheit* und weist daher eine geringe implizite Wichtigkeit auf. Ein umgekehrtes Verhältnis wird nun bei bankseitigen, betriebswirtschaftlichen Beratungsleistungen vermutet. Das Angebot dieser Leistungen müsste daher explizit in Relation zu anderen Bankleistungen eher als unwichtig eingeschätzt werden. Implizit sollte   jedoch eine hohe Begeisterungswirkung nachzuweisen sein. Die Anforderungsstruktur kann demnach in einem Wichtigkeitsgitter – dem *Importance Grid* – visualisiert werden (vgl. Abbildung 26).

---

[232] Vgl. Matzler, Kurt et al. (2006), S. 304
[233] In Anlehnung an die verbalen Erläuterungen bei Matzler, Kurt et al. (2006), S. 304 f.

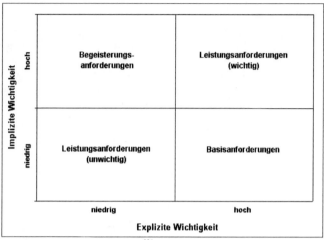

Abbildung 26: Das Importance Grid[234]

Zur Positionierung der Kundenanforderungen in diesem *Wichtigkeitsportfolio* ist die Messung der Wichtigkeitsdimensionen erforderlich. Dazu ist die *explizite Wichtigkeit* skaliert abzufragen, während die *implizite Wichtigkeit* indirekt errechnet werden kann. Hierzu wird die *Gesamtzufriedenheit* des Kunden erfragt und mit den *Einzelzufriedenheiten* der interessierenden Leistungskomponenten multipel linear regressiert.[235] Die so ermittelten Werte müssen dann zweidimensional abgebildet werden. Zunächst ist ein geeignetes Skalenniveau festzulegen. Die Methodik sieht dabei vor den niedrigsten Ergebniswert als Skalenbeginn und das arithmetische Mittel der Attribute zur Unterteilung der Achsen in niedrig und hoch vorzusehen.[236] Die deskriptiv ermittelten durchschnittlichen Einzelwichtigkeiten werden auf der horizontalen Achse abgetragen. Eine Einstufung der *impliziten* Wichtigkeit erfolgt indem die standardisierten Regressionskoeffizienten auf der vertikalen Achse festgehalten werden.[237]

---

[234] In Anlehnung an Vavra, Terry Gwyn (1997), S. 385. Die Kategorisierung der Leistungseigenschaften in *wichtig* und *unwichtig*, ergibt sich aus der Überlegung, dass *Leistungsanforderungen* als Funktion der Kundenzufriedenheit zu verstehen sind. Das Vorhandensein eines aus Kundensicht weniger entscheidenden Attributes führt demnach auch nur zu einer marginalen Erhöhung der Zufriedenheit.

[235] Vgl. Matzler, Kurt et al. (2006), S. 304 f.. Zur Methodik der Regressionsanalyse, vgl. ausführlich Backhaus, Klaus et al. (2006), S. 45 ff..

[236] Vgl. Matzler, Kurt et al. (2006), S. 307

[237] Durch eine Standardisierung der Regressionskoeffizienten wird eine Bereinigung unterschiedliche Messdimensionen der Variablen erreicht, vgl. Backhaus, Klaus et al. S.62 f..

Da das Verfahren die Struktur des *Kano-Modells* sachlogisch plausibel abbildet, die Modellprämissen empirisch bestätigt wurden und die zu erhebenden Messgrößen aufgrund ihrer leichten Verständlichkeit gut in einer schriftlichen Befragung eingesetzt werden können, orientiert sich das Fragebogendesign an den Anforderungen des *Importance Grid.*[238]

Bevor darauf im nächsten Abschnitt näher eingegangen wird, soll auch das *Importance Grid* einer kritischen Würdigung unterzogen werden. Zunächst ist hier anzuführen, dass es aufgrund der Neuartigkeit der Methode noch nicht hinreichend empirisch validiert ist.[239] Dies ist vor allem auf eine relativ geringe Anzahl der Untersuchungen zurückzuführen.[240] Ein weiterer Kritikpunkt liegt in der Einteilung der Quadranten anhand der Mittelwerte, welche auf den ersten Blick relativ willkürlich erscheint.[241] Werden allerdings Attribute homogenen Typs betrachtet, kann der Sachverhalt logisch begründet werden, indem argumentiert wird, dass der Mittelwert aller Merkmale auch eine mittlere ex- bzw. implizite Wichtigkeit ausdrückt. Das Zuordnungsergebnis steht also in Relation zur betrachteten Merkmalsgruppe.[242] In der empirischen Vorgehensweise kann dieser Problematik konzeptionell begegnet werden, indem ein separates *Importance Grid* je Attributtyp erstellt wird.

8.2.2 Fragebogendesign und Struktur der Analyse

In diesem Teilkapitel soll nun der Aufbau des in der Untersuchung eingesetzten Fragebogens vorgestellt werden.

Für die Analyse der Anforderungsstruktur im Firmenkundengeschäft, galt es zunächst geeignete, untersuchungsrelevante Attribute zu identifizieren. Die Merkmalsauswahl erfolgte dabei in den Attributkategorien *Dienstleistungen* und *Beziehungsmerkmale*. Die Selektion orientierte sich im Bereich Dienstleistungen an der im *VR-Finanzplan Mittelstand* vorgesehenen Bedarfsfeldstruktur. Der Begriff *Unternehmensmanagement* wurde zur besseren Verständlichkeit durch die Bezeichnung *Betriebswirtschaftliche Beratung* ersetzt. Unter dieser Rubrik wurden sodann sowohl *banknahe* als darüber hinausgehende *betriebswirtschaftliche Beratungsdienstleistungen* zusammengefasst. Auf diese Weise kann die Affinität zu derartigen Leistungsangeboten überprüft werden.

---

[238]   Zur empirischen Überprüfung der Prämissen und Kausalzusammenhänge, vgl. Matzler, Kurt / Sauerwein, Elmar (2002), S. 316 ff.

[239]   Vgl. Matzler, Kurt et al. (2006), S. 309

[240]   Somit kann die vorliegende Arbeit evtl. auch einen Beitrag zur Validierung der Methode liefern. Hierzu ist allerdings ein statistischer Vergleich mit anderen Methoden erforderlich. Dieser kann jedoch aufgrund des zur Verfügung stehenden Rahmens nicht Gegenstand dieser Arbeit sein.

[241]   Vgl. Matzler, Kurt et al. (2006), S. 309

[242]   Dies liegt daran, dass jedes in die Analyse einbezogene Merkmal Einfluss auf den Mittelwert hat.

Bei den Beziehungsmerkmalen wurden die Vorschläge von SEGBERS aufgegriffen, der im Rahmen seiner Arbeit eine theoretische Zuordnung der Anforderungsdimensionen im Kontext von Hausbankbeziehungen vorgenommen hat. Die getroffene Einteilung soll hier empirisch validiert werden.[243]

Um die *Importance Grid-Methode* anwenden zu können müssen sowohl die *Wichtigkeit* und *Zufriedenheit* der einzelnen Attribute als auch die *Gesamtzufriedenheit* gemessen werden. Für die Beurteilung wurde jeweils eine Skala von 1 bis 7 vorgegeben.[244] Neben der Hauptintention der Identifikation von *Basis-, Leistungs-* und *Begeisterungsanforderungen* liegt ein weiterer Schwerpunkt in der genaueren Betrachtung der Erwartungen im *Bedarfsfeld Betriebswirtschaftliche Beratung*. Hierzu wurde direkt abgefragt, inwiefern sich die Unternehmen ein stärkeres Engagement bei den einzelnen Beratungsleistungen wünschen, wie sie die aktuelle Kompetenz der Firmenkundenbetreuer in dem jeweiligen Bereich einschätzen und ob die Betreuung unter Hinzuziehung eines Spezialisten erfolgen sollte. Auf diese Weise soll untersucht werden, ob eine Interdependenz zwischen der Kompetenzvermutung und der Erwartungshaltung besteht. Daneben werden noch einige andere kontextrelevante Sachverhalte überprüft. Einen Überblick auf die daraus abgeleitete Struktur der Analyse findet sich in Tabelle 6:

Fragebogenabschnitt	Untersuchter Sachverhalt/Zusammenhang	Angewandte Methode
Teil 1: Allgemeines	Struktur der Stichprobe • Branchen- / Umsatzinformationen • Eigenkapitalstruktur • Anzahl der Bankverbindungen • Hausbank • *Dienstleisterübergreifende Gesamtzufriedenheit*	Deskriptive Analyse
Teil 2: Leistungsangebot im Firmenkundengeschäft	Mehrdimensionale Analyse des Leistungsangebotes • Proaktivität der Dienstleister • Dienstleisterübegreifende Leistungsinanspruchnahme • *Zusammenhang zwischen expliziter und impliziter Wichtigkeit*	Deskriptive Analyse *Importance Grid, u.a.*
Teil 3: Anforderungen an die Geschäftsbeziehung	Mehrdimensionale Analyse der Beziehungsmerkmale • *Zusammenhang zwischen expliziter und impliziter Wichtigkeit* • *Bindungscharakter der Bindungsdimensionen*	*Importance Grid, u.a.* *Regressionsanalyse*
Teil 4: Betriebswirtschaftliche Beratung	Interdependenzen im Kontext von Beratungsleistungen • Zusammenhang zwischen Erwartung und Kompetenz • Einschätzung des Preis-Leistungs-Verhältnisses	Korrelationsanalyse Deskriptive Analyse

Tabelle 6: Struktur der empirischen Analyse

---

[243] Zur Einteilung der Anforderungsdimensionen nach SEGBERS, vgl. hierzu Anhang 4.
[244] Vgl. hierzu die Fragen 1.6, 2.2 und 2.3 im Fragebogen in Anhang 13

8.2.3 Angaben zur Datenerhebung

Bevor die Ergebnisauswertung erläutert wird sollen hier noch einige Informationen zum Ablauf der Befragung und zur Stichprobenstruktur folgen:

Anhand eines *Pre-Test* bei zehn Unternehmenskunden unterschiedlicher Branchenzugehörigkeit und Größe, wurde der Fragebogen auf Verständlichkeit und inhaltliche Plausibilität getestet. Die Vorstudie ergab keinen Modifikationsbedarf.

Der Fragebogen wurde daraufhin an 1.321 Unternehmenskunden von Genossenschaftsbanken mit der Bitte um schriftliche Teilnahme oder Internetbeteiligung versandt. Der Befragungszeitraum erstreckte sich vom 08. November 2006 bis zum 08. Dezember 2006. Bis zum Endtermin konnte ein Rücklauf von 148 Fragebögen erzielt werden, was einer Rücklaufquote von 11,2% entspricht. Nach Sichtung des Datenmaterials mussten 36 Fragebögen aufgrund von Falschausfüllungen eliminiert werden.

Die Struktur der verbleibenden Stichprobe von 112 Datensätzen ist wie folgt auf die Grobsegmente verteilt:

1.2 Umsatzstruktur	absolut	relativ		absolut	relativ
Gewerbekunden	28	25,00%	unter 250.000 €	14	12,50%
			250.000 € bis unter 500.000 €	14	12,50%
Mittelstand	58	51,79%	500.000 € bis unter 1.000.000 €	15	13,39%
			1.000.000 € bis unter 2.500.000 €	30	26,79%
			2.500.000 € bis unter 5.000.000 €	13	11,61%
Oberer Mittelstand	26	23,21%	5.000.000 € bis unter 10.000.000 €	7	6,25%
			10.000.000 € bis unter 50.000.000 €	14	12,50%
			50.000.000 € und mehr	5	4,46%
Gesamtwert	112	100,00%		112	100,00%

Tabelle 7: Umsatzstruktur der Stichprobe

Es wird sich zeigen, dass der Stichprobenumfang für eine separate Betrachtung der beiden Grobsegmente zu klein ist, die Repräsentativität der Gesamtstichprobe ist jedoch gegeben.

Hinsichtlich der Sektorenzugehörigkeit sind Produktions-, Handels- und Dienstleistungsunternehmen mit einem Anteil zwischen 26% und 29% am Stärksten vertreten.[245] Die Firmenkunden unterhalten dabei im Durchschnitt zwei Bankverbindungen. Etwa 90% der Befragten gaben an ihre Hausbankverbindung bei einer Genossenschaftsbank zu unterhalten.

---

[245] Vgl. hierzu grafisch Abbildung 50 in Anhang 14

8.3 Anwendung der Importance Grid-Methode

8.3.1 Festlegung der Untersuchungshypothesen

Die Analyse der Kundenanforderungen hat, da für das mittelständische Firmenkundengeschäft noch keine empirischen Befunde in diesem Bereich vorliegen, grundsätzlich zunächst *explorativen Charakter*. Daneben sollen jedoch bankbetriebswirtschaftliche Fragestellungen betrachtet werden. Im Fokus stehen dabei die Begeisterungswirkung von betriebswirtschaftlichen Beratungsleistungen und die von SEGBERS vorgeschlagene Merkmalskategorisierung. Die Untersuchung der Anforderungsstruktur bedarf gemäß den Vorgaben des *Importance Grid* eines mehrstufigen Hypothesentests, wie in Abbildung 27 beispielhaft veranschaulicht.

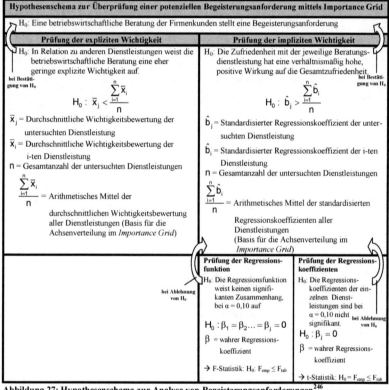

Abbildung 27: Hypothesenschema zur Analyse von Begeisterungsanforderungen[246]

---

[246] Eigene Darstellung.

Aus Gründen der Übersichtlichkeit wurde lediglich eine *Nullhypothese* H_0 formuliert.[247] Diese wird bei der Signifikanzprüfung von Regressionsmodellen in der Regel so formuliert, dass ihre Ablehnung einen signifikanten Zusammenhang bestätigt.[248] Diesem Sachverhalt wurde in der Darstellung Rechnung getragen. Die Hypothesentests bauen aufeinander auf und folgen insofern einer hierarchischen Struktur (zu lesen von unten nach oben).

Die verallgemeinerten *Hypothesenschemata* der Anforderungsdimensionen finden sich in Anhang 14. Nach Klärung des Untersuchungszusammenhangs soll die Durchführung der Analyse und die sich daraus ableitenden Ergebnisse detailliert vorgestellt werden.

8.3.1 Vorgehensdarstellung

Um ein möglichst aussagefähiges Ergebnis zu erhalten, wurde die Anwendung des *Importance Grid* separat für die Attributtypen *Dienstleistungen* und *Beziehungsmerkmale* durchgeführt.

Es soll nun zunächst die Anforderungsstruktur hinsichtlich des Dienstleistungsportfolios behandelt werden. Gemäß des zuvor beschriebenen hierarchischen Ansatzes wurde zunächst eine *multipel lineare Regression* durchgeführt.[249] Hierzu wurde die in Frage 1.6 erfragte *Gesamtzufriedenheit* mit der Hausbank als abhängige Variable deklariert und mit den in Frage 2.2 ermittelten Einzelzufriedenheiten regressiert.

In diesem Zusammenhang musste die *Missing Value*-Problematik in besonderem Maße berücksichtigt werden. Dies ist damit zu begründen, dass die Einschätzung der Zufriedenheit mit Bankleistungen eine vorherige Leistungsinanspruchnahme erfordert. Da aber auch die Untersuchung innovativer Beratungsleistungen Gegenstand der Befragung war, ließen sich fehlende Werte in der Erhebung nicht vermeiden. In der Ergebnisauswertung wurden verschiedene Optionen zum Umgang mit dem Problem geprüft:

Aufgrund des Stichprobenumfangs und des Analysekontexts kamen als Verfahren nur der *Paarweise Fallausschluss* und die Methode *Ersatz durch den Mittelwert* in Frage.[250] Bei der erstgenannten Option wird die fehlende Variable aus der Grundgesamtheit eliminiert, die restlichen Variablen werden jedoch weiterhin berücksichtigt. Es erfolgte jeweils eine situative Verfahrensauswahl.

---

[247] In statistische Testverfahren wird die Vermutung über die Größe des wahren Parameters in einer *Nullhypothese* H_0 festgehalten. Für den Fall das die *Nullhypothese* nicht verworfen werden muss kann, wird eine *Gegenhypothese* H_1 formuliert, die angibt was bei einer Ablehnung geschehen soll, vgl. Hippmann, Hans-Dieter (2003), S. 293 f..

[248] Vgl. Backhaus, Klaus et al. (2006), S. 68 ff..

[249] Die Analyse basiert auf einer elektronischen Datenbank, in der die schriftlich eingereichten Fragebögen manuell nachgepflegt wurden. Die Auswertung erfolgte mit der Statistiksoftware *SPSS*.

[250] Vgl. hierzu detailliert Backhaus et al.(2006), S. 151 ff.

Allerdings führte zunächst keines der Verfahren zu einem signifikanten Ergebnis. Eine Vielzahl von Dienstleistungen wurde *SPSS-seitig* direkt von der Analyse ausgeschlossen. Im Rahmen der Prüfung der Regressionsfunktionen war die Nullhypothese jeweils beizubehalten. Das *korrigierte Bestimmtheitsmaß*, dass angibt welcher Anteil der Streuung in der Stichprobe durch die Regressionsfunktion erklärt werden kann, wies dabei jeweils einen sehr niedrigen Wert von 0,3 auf. Der *F-Test* mit dem analysiert wird, ob die Gesamtheit der unabhängigen Variablen in kausalem Zusammenhang zur abhängigen Variablen steht, erwies sich ebenfalls als nicht signifikant. Um die Ergebnisache zu ergründen wurden die Attribute untereinander auf Interdependenzen untersucht. Dazu wurden diese in einer Korrelationsmatrix gegenübergestellt und einer Kolinearitätsanalyse unterzogen. Es zeigte sich, dass die nicht interpretierbaren Ergebnisse durch die gegenseitige Abhängigkeit einiger erklärender Variablen bedingt waren. Um auszuschließen, dass dieser Effekt durch den paarweisen Fallausschluss hervorgerufen wurde, wurde zusätzlich eine Regression mit *Dummy-Variablen* durchgeführt, in der die Gesamtzufriedenheit als abhängige und die Inanspruchnahme der jeweiligen Dienstleistungen als unabhängige Variablen festgelegt wurden. Dies führte zu keiner Ergebnisverbesserung.

Daher wurden die Attribute mit Hilfe einer vorgeschalteten *Faktorenanalyse* zusammengefasst, um auf diese Weise der *Multikolinearität* zu begegnen. Als Extraktionsmethode wurde die *Hauptkomponentenanalyse* gewählt, da die Zielsetzung der vorliegenden *Faktorenanalyse* ist, gleichartige Variablen unter einem geeigneten Sammelbegriff zu subsumieren. Die Anzahl der Faktoren wurde anhand der zwei Kriterien *Extraktion bis zur Erklärung von 95% der Varianz* und der *Kaiser-Methode* bestimmt.[251]

Eine weitgehend plausible *Attributzuordnung* konnte durch das *Kaiser-Kriterium* erreicht werden. Im Einzelnen ergibt sich für die Bankleistungen nach *Faktorrotation* folgende *9-Faktor-Struktur* (vgl. Tabelle 8), die ca. 70% der Varianz der Stichprobe zu erklären
vermag:

Die ermittelten Faktoren wurden sodann erneut in eine *Regressionsanalyse* eingebunden. Die *Regressionsfunktion* erwies sich als signifikant gegen $\alpha = 0{,}10$. Die Überprüfung der Regressionskoeffizienten ergab für alle Variablen bis auf die Faktoren 7 und 9 einen positiven Einfluss auf die *Gesamtzufriedenheit*.

---

[251] Für eine Übersicht der Faktorenextraktionskriterien vgl. Backhaus, Klaus et al. (2006), S. 314

Faktor 1: Banknahe bwl. Beratungsleistungen	Faktor 2: Finanzierungsleistungen	Faktor 3: Anlageberatung
• Bilanzanalysegespräch • Strategiegespräch • Ratingberatung • Liquiditätsplanung • Stärken-Schwächen-Analyse • Risikoanalyse • Planbilanz • Existenzgründungsberatung	• Hypothekenvermittlung • Investitionskredite • Öffentliche Fördermittel • Bürgschafts- und Garantiegeschäft • Leasing	• Vermögensberatung • Private Vermögensplanung • Anlagemanagement
Faktor 4: **Innovative Beratungsleistungen**	**Faktor 5:** **Betriebswirtschaftliches Serviceangebot**	**Faktor 6:** **Versicherungen**
• Mezzanine Finanzierung • Projektbeurteilung • Beratung von Auslandsprojekten • Forderungsmanagemnt	• Investitionsplanung • Workshops • Unternehmensnachfolgeberatung	• Lebensversicherungen • Sachversicherungen • Betriebliche Altersvorsorge
Faktor 7: ***kein geeigneter Oberbegriff***	**Faktor 8:** **Liquiditätsmanagement**	**Faktor 9:** **Außenhandelsleistungen**
• Immobilienvermittlung • Zins- und Währungsmanagement	• Cash Management • Betriebsmittelkredite • Elektronischer Zahlungsverkehr	• Auslandszahlungsverkehr • Im- und Exportfinanzierung

Tabelle 8: Faktorenzuordnung Dienstleistungen (geordnet nach Faktorladungen)

Für die horizontale Achse des *Importance Grid* waren nun noch die ebenfalls in Frage 2.2 ermittelten *expliziten Wichtigkeiten* auszuwerten. Da diese auf Dienstleistungsebene ermittelt wurden, galt es die *arithmetischen Mittelwerte* der Einzelattribute anhand ihrer relativen *Faktorladung* zu einer Wichtigkeitseinstufung auf Faktorebene zusammenzufassen. Das *Importance Grid* der Dienstleistungsfaktoren sieht demnach wie folgt aus:

Abbildung 28: Importance Grid: Dienstleistungsfaktoren

Da es sinnvoll erscheint auch die anderen untersuchten Sachverhalte in eine Ergebnis-interpretation mit einzubeziehen, soll zunächst die Untersuchung der Beziehungs-merkmale dargestellt werden.

Analog zur Vorgehensweise bei den Dienstleistungsattributen wurde zunächst eine multiple Regression der in Frage 3.1 aufgeführten Einzelmerkmale durchgeführt. Während sich die Regressionsfunktion dabei als signifikant erwies, ergab die Prüfung der Regressionskoeffizienten kein aussagefähiges Ergebnis. Wie zuvor auch, lag der Grund dafür in der verhältnismäßig starken Korrelation der abhängigen Variablen. Somit wurde erneut eine *Faktorenanalyse* durchgeführt, um die Interdependenzen durch Zusammenfassung zu eliminieren. Auffallend war dabei, dass das Merkmal *Private Kontakte* in der Korrelationsmatrix nur sehr geringe Korrelationswerte auf-wies. Es ist damit für *faktoranalytische Zwecke* ungeeignet und war damit aus der Untersuchung auszuschließen. Der *Kaiser-Meyer-Olkin-Test* bescheinigt den übrigen Ausgangsvariablen mit dem Status *marvelous* eine besonders gute Eignung für eine *Faktorenanalyse.*[252] Aufgrund dessen konnte die Faktorenextraktion auch anhand des Kriteriums *Extraktion bis zur Erklärung von 95% der Varianz* erfolgen. Danach erge-ben sich die folgenden 14 Attributgruppen:

Faktor 1: Betreueraktivität	Faktor 2: Verlässlichkeit	Faktor 3: Vertrautheit
• Ansprache betriebswirt-schaftlicher Handlungsfelder • Gegenüberstellung von Alternativen • Ansprache Optimierungs-potenzial Finanzdienstleistungen	• Termintreue • Zuverlässigkeit	• Persönlicher Ansprechpartner • Regelmäßiger persönlicher Kontakt • Ähnliche Wertvorstellungen
Faktor 4: Angenehmes Umfeld	Faktor 5: Branchenbezug	Faktor 7: Nachvollziehbarkeit
• Diskrete Beratungsräume • Angenehme Atmosphäre	• Regelmäßige Brancheninforma-tionen • Branchenkenntnis	• Transparenz • Fairness
Faktor 7: Offenheit	Faktor 8: Externe Beratungstermine	Faktor 9: Hinzuziehung von Spezialisten
• Offenheit	• Externe Beratungstermine	• Auslandszahlungsverkehr • Im- und Exportfinanzierung
Faktor 10: Schnelle Entscheidungen	Faktor 11: Konstanz der Bezugsperson	Faktor 12: Individuelle Betreuung
• Schnelle Entscheidungen	• Konstanz der Bezugsperson	• Individuelle Betreuung
Faktor 13: Kompetenz	Faktor 14: Vertrauensbereitschaft	
• Betriebswirtschaftliche Kompetenz • Bankfachliche Kompetenz	• Gegenseitige Vertrauensbereit-schaft	

Tabelle 9: Faktorenzuordnung Beziehungsattribute (geordnet nach Faktorladungen)

---

[252]   Vgl. Backhaus, Klaus et al. (2006), S. 276 f.

Wie aus Tabelle 9 erkennbar ist, war die *Faktorladung* bei einigen Merkmalen so eindeutig, dass sie keiner Zusammenfassung bedurften. Attribute mit ähnlichen Ladungswerten bei mehr als einem Faktor wurden sachlogisch zugeordnet.

Die Überprüfung der Regressionsfunktion der nachgelagerten Regressionsanalyse auf Faktorebene ergab keine Beanstandungen. Allerdings konnte den Faktoren *Branchenbezug, Nachvollziehbarkeit, Offenheit, Externe Beratungstermine* und *Individuelle Betreuung* im Rahmen des Regressionsmodells kein Einfluss auf die Gesamtzufriedenheit nachgewiesen werden. Die übrigen Regressoren erwiesen sich als signifikant gegen α=0,05. Die Aggregation der erhobenen Einzelwichtigkeiten zu einer Faktorbewertung, erfolgte wie zuvor beschrieben, gewichtet. Somit ergab sich für die Beziehungsfaktoren das nachfolgende *Importance Grid*:

Abbildung 29: Importance Grid: Beziehungsfaktoren

8.4 Ergebnisinterpretation unter Einbezug der Nebenuntersuchungen

Die ermittelte *Anforderungsstruktur* soll nachfolgend je *Attributtyp* und unter Berücksichtigung der Ergebnisse der Nebenuntersuchungen interpretiert werden.

8.4.1 Interpretation der Dienstleistungsfaktoren

Auf Grundlage der Ergebnisse der Faktorenanalyse war bereits zu vermuten, dass die Erwartungshaltung an betriebswirtschaftliche Dienstleistungen differiert. Bemerkenswert ist, dass das Angebot von *banknahen Beratungsleistungen* keine *Begeisterungswirkung* mehr entfalten kann, sondern mittlerweile in der Anforderungshaltung fest verankert zu sein scheint. Dies hängt wahrscheinlich u.a. mit der Entwicklung einer *Ratingkultur* in der Kunde-Bank-Beziehung zusammen. Im Rahmen der turnusgemäßen Rating-Erstellung hat sich ein betriebswirtschaftlicher Austausch etabliert, der bankseitig vielfach noch nicht optimal genutzt wird.[253]

Ein höheres *Begeisterungspotenzial* haben hingegen *innovative Beratungsleistungen* mit Finanzwirtschaftsbezug, sowie Beratungen mit *Projektcharakter*. Dieses Ergebnis bestätigt die Forderung der Firmenkunden nach passgenauen und bedarfsspezifischen Lösungen. Geht man in der Interpretation noch etwas weiter, kann in der Erwartung einer projektbezogenen Betreuung auch der Wunsch nach einer intensiveren „Teamarbeit" gesehen werden. Des Weiteren lässt sich ein Bezug zur wachsenden Bedeutung von Auslandsaktivitäten im Mittelstand herstellen.[254]

Interessant ist auch, dass ein Teil des betriebswirtschaftlichen Leistungsangebotes von untergeordnetem Interesse ist. Bei der *Unternehmensnachfolgeberatung* und den *Workshops* mag das daran liegen, dass diese Leistungen nicht die Kernkompetenz von Banken wahrgenommen werden wird. Hinsichtlich der *Investitionsplanung* konnte jedoch durch eine *Korrelationsanalyse* gezeigt werden, dass das wünschenswerte Engagement in diesem Bereich positiv mit der *Kompetenzvermutung* korreliert.[255]

Die Positionierung des Faktors *Anlagemanagement* als *Basisanforderung* kann so interpretiert werden, dass der Anlagebereich im mittelständischen Firmenkundengeschäft einen relativ hohen *Standardisierungsgrad* aufweist und aufgrund der eingeschränkten Differenzierungsmöglichkeiten nur eine verhältnismäßig geringe Zufriedenheits- und Emotionswirkung zur Folge hat. Ein weiterer Effekt ist in der geringen Leistungsinanspruchnahme der *privaten Vermögensplanung* zu sehen, die über ein breiteres Differenzierungspotenzial verfügt.

8.4.2 Interpretation der Beziehungsfaktoren

Bei der Verteilung der Beziehungsfaktoren im *Importance Grid* fällt zunächst die deutliche Positionierung des Faktors *Vertrautheit* im Bereich der Begeisterungsanforderungen auf. Da die *Vertrautheit* – wie in Kapitel 4.2.3 beschrieben – eine entscheidende *Vorlaufvariable der Vertrauensentstehung* und somit eine wichtige Einflussgröße der Kundenbindung darstellt, sollte dieses Ergebnis in der Betreuungsstrategie gesondert berücksichtigt werden. Die theoretische Annahme, dass es sich bei der Dimension der *Vertrautheit* um eine Begeisterungsanforderung handelt, kann also durch die Empirie bestätigt werden.

Die von SEGBERS auch im Bereich der Begeisterungsanforderungen angesiedelte *Konstanz der Bezugsperson* wird von den Firmenkunden jedoch als selbstverständlich vorausgesetzt. Dieser Anspruch kann jedoch aufgrund von Fluktuationsbewegungen nicht immer erfüllt werden.

---

[253] Vgl. hierzu auch Kapitel 9
[254] Vgl. Kapitel 3.1.3
[255] Vgl. Tabelle 19 in Anhang 14

Die Forderung nach effizienten Prozessen und damit indirekt auch nach einer effizienten Ressourcensteuerung wird im *Importance Grid* durch die Positionierung des Faktors *Schnelle Entscheidungen* deutlich.

Die restlichen Faktoren haben eine mittlere, *implizite Wichtigkeit* gemeinsam, was strukturell tendenziell zu einer Verschiebung innerhalb der Quadranten führen kann. Daher sollten insbesondere die Faktoren *Hinzuziehung von Spezialisten*, *Betreueraktivität* und *Angenehme Atmosphäre* nicht vernachlässigt werden, da in ihnen möglicherweise zukünftige Begeisterungsanforderungen zu vermuten sind.

Im Kontext der Beziehungsmerkmale sollen abschließend die Ergebnisse der *Regressionsanalyse* zu den in Frage 3.2 erhobenen *Bindungswirkungen* aufgenommen werden. Dazu wurde die Stärke der Bindung an die Hausbank als abhängige und die Bindungsdimensionen Ge- und Verbundenheit, sowie die Bindungswirkung des Dienstleistungsportfolios als unabhängig Variablen deklariert. Das Regressionsmodell erwies sich als signifikant. Hinsichtlich der Regressoren konnte kein direkter Kausalzusammenhang zwischen dem *Leistungsangebot* und der *Bindungsstärke* nachgewiesen werden. Somit ist die These zu bestätigen, dass ein Bindungszustand immer einer *personellen Interaktion* bedarf. Die Regressionsanalyse attestiert des Weiteren der *Gebundenheit* eine stärkere Bindungswirkung als der Verbundenheit. Dieses Ergebnis ist jedoch kritisch zu prüfen, da ein Zustand der *Verbundenheit* ein eher emotiv basiertes Phänomen darstellt und deshalb in der rationalen Wahrnehmung nicht unbedingt präsent ist. Zur Validierung des Sachverhaltes könnten in einer Befragung gezielt Determinanten der Bindungsdimensionen eingesetzt werden, um rationale Bewertungsmuster durch eine differenziertere Erhebung zu relativieren.

9 Optimierung des Leistungsportfolios

Im Abschlusskapitel dieser Arbeit sollen aus dem entwickelten *Portfolio-Ansatz* zur potenzialorientierten Kundensegmentierung und den Erkenntnissen der *Anforderungs-analyse* einige Handlungsempfehlungen zur Ableitung einer *segmentspezifischen Betreuungsstrategie* erarbeitet werden. Dazu sollen in einem groben Überblick Implikationen für die segmentspezifische Gestaltung des Leistungsportfolios und die Steuerung der Vertriebsressourcen vorgestellt werden.

9.1 Segmentspezifische Festlegung des Leistungsangebotes

Die *ganzheitliche Betreuungsstrategie* intendiert einen kundenindividuellen Zuschnitt der Leistungspalette auf die jeweilige Kundensituation. Allerdings muss durch das *Vertriebsmanagement* gewährleistet werden, dass eine angemessene Rentabilität je Feinsegment erreicht wird. Ein Steuerungsmodell ist dabei in der segmentspezifischen Festlegung des Leistungsportfolios zu sehen. Die Auswahl der Produkte und Dienstleistungen sollte sich dabei *Ertrags-, Potenzial-* und *Bedarfslage*, sowie der *Grobsegmentierung* orientieren. Daneben besteht zusätzlich die Möglichkeit der *segmentorientierten Preisdifferenzierung*.

Von besonderem Interesse sind auch *Mehrwertdienstleistungen*, die als Zusatzservices angeboten werden, um eine *gezielte Kundenbegeisterung* zu erreichen. Für die *Feinsegmente* können exemplarisch folgende Leistungsstrategien unterschieden werden:

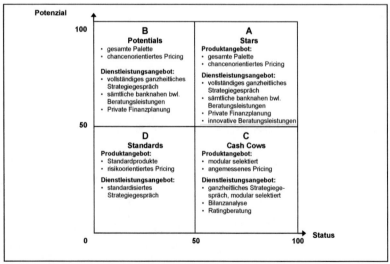

Abbildung 30: Firmenkunden-Portfolio: Leistungsstrategien

Die Analyse der *Anforderungsstruktur* hat ergeben, dass das *betriebswirtschaftliche Beratungsangebot* eine wichtige *Leistungsanforderung* darstellt. Hier gilt es den *ganzheitlichen Betreuungsansatz* konsequent zu verfolgen und sich durch die systematische Vorgehensweise vom Wettbewerb abzugrenzen. Dazu stehen im Genossenschaftssektor eine Reihe strukturierter Beratungshilfen zur Verfügung, die den partnerschaftlichen Dialog fördern.[256]

Die Festlegung des *Produktportfolios* kann dabei auch bei der *Vertriebssteuerung* von Interesse sein. So kann durch die Hinterlegung eines *Soll-Produktportfolios*, das noch nicht ausgeschöpfte Kundenpotenzial ermittelt, im Rahmen des Segmentierungslaufs festgehalten und als *Vetriebsimpuls* verwendet werden.

9.2 Gezielte Ressourcensteuerung je Segment

Aufgrund der begrenzten Betreuungsressourcen bedarf es – wie bereits in Kapitel 5 ausgeführt – einer *Priorisierung der Betreuungsaktivitäten*, um eine effiziente Marktbearbeitung zu ermöglichen.

Aus der Feinsegmentierung lassen sich folgende Ansätze zur Ressourcensteuerung entwickeln:

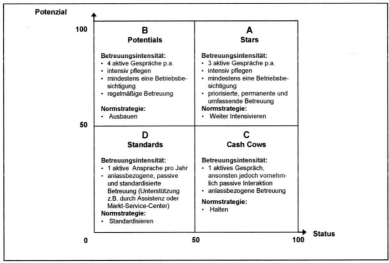

Abbildung 31: Firmenkundenportfolio: Ressourcensteuerung

---

[256] z.B. die Software *MinD.banker*

Die dargestellten *segmentspezifischen Normstrategien* stehen dem Firmenkunden-betreuer als Leitlinie für den Einsatz der Betreuungsressourcen vor. Bei Bedarf kann – beispielsweise nach Scorewerten kategorisiert – eine noch feinere Ressourcen-steuerung erreicht werden. Durch das jährliche Strategiegespräch und das damit verbundene Segmentierungsprozedere ergibt sich ein Regelkreislauf der Kunden-betreuung, der einen wichtigen Wettbewerbsvorteil darstellen kann.

Für die *Volksbanken und Raiffeisenbanken* ist abschließend zu erwähnen, dass der hier entwickelte *Feinsegmentierungsansatz* zukünftig als Grundlage eines *potenzial-orientierten Vertriebsmanagements* genutzt werden kann, da die konzeptionellen Überlegungen dieser Arbeit in ein Softwareprojekt für das genossenschaftliche Firmenkundengeschäft eingehen. Das Verfahren bietet einen Modellrahmen der auch zur *Leistungs-* und *Preisdifferenzierung* herangezogen werden kann und eine primäre Konzentration der Ressourcen auf interessante Geschäftsbeziehungen ermöglicht. Trotz der beschrieben Fokussierung wird durch die Kopplung an den *ganzheitlichen Betreuungsansatz* eine *bedarfsorientierte Betreuung aller Kundengruppen* möglich.

10 Fazit

In der vorliegenden Arbeit wurde ein umfassender Ansatz zur Integration einer *potenzialorientierten Kundensegmentierung* in ein *ganzheitliches Vertriebskonzept* entwickelt.

Neuartig an der Vorgehensweise ist, dass dieser direkt an einen *Beratungsansatz* gekoppelt wurde und sämtliche Wechselwirkungen entlang des Vertriebsprozesses Berücksichtigung fanden. Somit wird dem Aspekt der *Kundenorientierung* Rechnung getragen, ohne *Rentabilitäts-* und *Effizienzanforderungen* im Firmenkundengeschäft außer Acht zu lassen. Insofern kann von einer *„efficient customization"*[257] gesprochen werden, die als zentrales Instrument eines erfolgreichen *Kundenbindungsmanagements* fungiert. Durch Verknüpfung der Erkenntnisse der empirischen Erhebung mit dem entwickelten Segmentierungsansatz kann eine *Leistungs- und Betreuungs-differenzierung* erreicht werden, indem feinsegmentspezifische *Normstrategien* abgeleitet werden.

Außerdem konnte durch die *Analyse der Kundenanforderungen*, die Wichtigkeit banknaher Beratungsdienstleistungen nachgewiesen werden. Hinsichtlich des *Rollen-verständnisses des Firmenkundenbetreuers* wurde gezeigt, dass bei finanznahen Themen die Rolle des *unternehmerischen Ratgebers* erwartet wird. Betreuerseitig soll-te dies als *Differenzierungschance* verstanden werden, die etwa durch leichte Modifi-kation (z.B. durch qualitätssteigernde Zusatzkomponenten) der erwarteten Beratungs-leistungen genutzt werden kann. Insofern wird es interessant sein, zu beobachten, wie sich die bankbetriebswirtschaftlichen Beratungsprozesse verändern werden.

Durch eine regelmäßige Analyse der *Faktorstruktur der Kundenanforderungen*, können sich abzeichnende Trends schnell erkannt und antizipiert werden. In diesem Zusammenhang wäre es interessant, die Auswertung nicht nur auf Basis von Befragungen, sondern auch aus Gesprächsinformationen (z.B. *Strategiedialog*, etc.) zu speisen.

Insgesamt wird mit Spannung erwartet, wie der entwickelte Ansatz – nach software-technischer Umsetzung in einer Multi-Banken-Version – in die Vertriebspraxis aufgenommen wird, ob die *Validität* der Segmentierungsergebnisse empirisch nach-gewiesen werden kann und inwiefern die hier geforderte *ganzheitliche Integration* der Methodik in der Bankpraxis gelingt.

---

[257] In Anlehnung an den in der Konsumgüterindustrie häufig verwendeten Begriff der *Mass Customization*. Während Massenprodukte beispielsweise in unterschiedlichen Farbkombinationen angeboten werden, um beim Verbraucher ein Gefühl von Individualität zu erzeugen, soll der *Fokus der Bankbetreuung* weiterhin auf der *individuellen Beratung* liegen, die nur *standardisiert* wird, wenn dies unter *Rentabilitäts-* und *Effizienzgesichtspunkten* erforderlich ist.

Anhang

Anhangverzeichnis

Anhang 1: Mittelstandsdefinition des IfM Bonn

Mittelstandsdefinition des IfM Bonn seit Einführung des Euro (01.01.2002):

Unternehmensgröße	Zahl der Beschäftigten	Umsatz € / Jahr
klein	bis 9	bis unter 1 Million
mittel	10 bis 499	1 bis 50 Millionen
groß	500 und mehr	50 Millionen und mehr

Tabelle 10: Quantitative Mittelstandsdefinition des IfM Bonn

Quelle: IfM Bonn (2006)

Anhang 2: Firmenkunden einer Genossenschaftsbank nach Sektoren

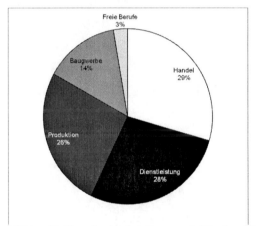

Abbildung 32: Firmenkunden einer Genossenschaftsbank nach Sektoren

Quelle: Eigene empirische Erhebung

Anhang 3: Wettbewerbsstrategien nach PORTER

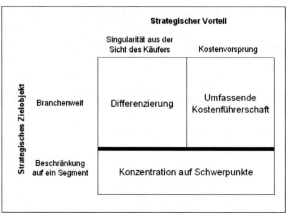

Abbildung 33: Wettbewerbsstrategien nach PORTER

Quelle: Porter, Michael E. (1999)

Anhang 4: Anforderungsdimensionen in Hausbankbeziehungen

Qualität Dimension	Faktoren
Basisanforderungen	Verhalten: Freundlichkeit; angenehme Atmosphäre; Erreichbarkeit
	Kompetenz: Fundierte Ausbildung; gute Produkt- und Organisationskenntnis
	Dienstleistungsspektrum: umfangreiche und problembezogene Produktpalette
	tangibles Umfeld: Gepflegte Kleidung/Geschäftsräume; adäquate technische Ausstattung
Leistungsanforderungen	Kontakt: Regelmäßiger, persönlicher Kontakt; Bequemlichkeit (Besuch in Geschäftsräumen; Betriebsbesichtigung)
	Proaktivität: Erkennen und Ansprechen von finanzierungstechnischen Problemen; Hinzuziehung von Spezialisten
	Abläufe: Unkomplizierte, zuverlässige und einfache Prozesse
	Ergebnis: Kundenindividuelle, bedarfsgerechte (Finanzierungs-) Lösungen; Analyse von Alternativen
Begeisterungsanforderungen	Persönliche Vertrautheit: Ähnlichkeit der Interaktionspartner; Soziale Eingebundenheit der Interaktionspartner
	Kontakt: Konstanz der Bezugsperson (z.B. Dauer der persönlich-dyadischen Beziehung)
	Außergewöhnliches Engagement: Proaktives Erkennen und Ansprechen von unternehmerischen Problemen (FKB als unternehmerischer Ratgeber); hohe Branchenkenntnis; (erfolgreicher) Versuch, sich über organisationsinterne Richtlinien hinwegzusetzen
	Schaffung von Mehrwert: Vermittlung von Kunden/Lieferanten/Immobilien; Angebot außergewöhnlicher Serviceleistungen
	Offenheit: Frühzeitige Ansprache von Problemen; Einräumung von Schwächen (z.B. in Bezug auf eigene Produkte); ggfs. Integration von Produkten fremder Anbieter (z.B. Förderkredite, kurzfristiger Verzicht auf eigene Vorteile); Offener Ratingdialog; ähnliche Werte und Ziele
	Antizyklisches Verhalten, Fairness: Kein formales Vorgehen in Krisensituationen (positive Behandlung auch bei (kurzfristig) schlechten Zahlen; Verzicht auf umfangreiche Besicherung bei Existenzgründern)

Abbildung 34: Anforderungsdimensionen in Hausbankbeziehungen

Quelle: Segbers, Klaus (2007), S.313

Anhang 5: Rating-Analyse in MinD.banker

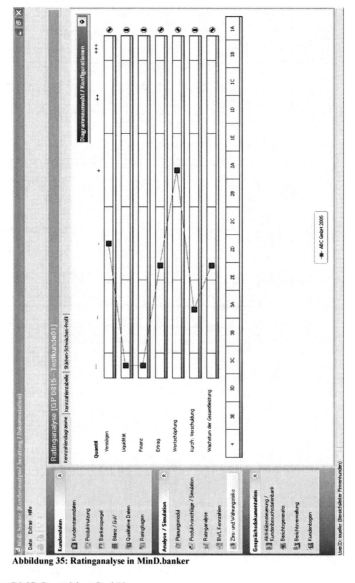

Abbildung 35: Ratinganalyse in MinD.banker

Quelle: BMS Consulting GmbH

Anhang 6: Segmentierungsansatz Roland Berger

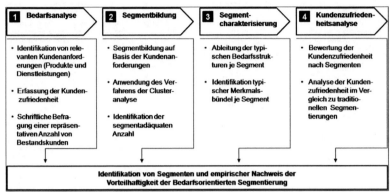

Abbildung 36: Analyseschritte und inhaltliche Vorgehensweise

Quelle: Bufka, Jürgen / Eichelmann, Thomas (2002), S. 130

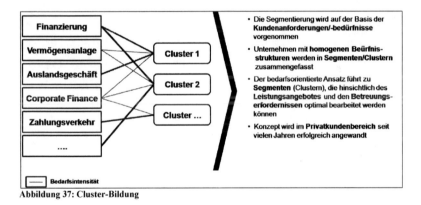

Abbildung 37: Cluster-Bildung

Quelle: Bufka, Jürgen / Eichelmann, Thomas (2002), S. 128

Cluster 1	Cluster 3	Cluster 3	Cluster 4	Cluster 5
Hoher Bedarf · Zahlungsverkehr · Kreditgeschäft · Vermögensanlage	· Zahlungsverkehr · Kreditgeschäft · Alternative Finanzierungen · Finanzmgmt.	· Zahlungsverkehr · Kreditgeschäft · Alternative Finanzierungen · Finanzmgmt. · Auslandgeschäfte	· Zahlungsverkehr · Vermögensanlage · Alternative Finanzierungen	· Zahlungsverkehr · Vermögensanlage · Kreditgeschäft · Alternative Finanzierungen · Finanzmgmt.
Fallweiser Bedarf · Alternative Finanzierungen	· Auslandsgeschäfte · Corporate Finance	· Corporate Finance	· Finanzmgmt. · Auslandsgeschäft · Corporate Finance	· Corporate Finance
Typ · Junges Unternehmen stark Wachsend	· Etabliertes auslandsintensives „Start-up"	· Globaler Spezialist	· Traditionsunternehmen, groß mit Wachstumsproblemen	· Reifes, national operierendes Unternehmen

Abbildung 38: Bedarfsprofile je Kundensegment

Quelle: Bufka, Jürgen / Eichelmann, Thomas (2002), S. 133

Anhang 7: Kundensegmentierung – Kriterientypologisierung

sozio-ökonomische Kriterien		psychographische Kriterien		verhaltensorientierte Kriterien	
Privat-kunden	**Firmen-kunden**	**Privat-kunden**	**Firmen-kunden**	**Privat-kunden**	**Firmen-kunden**
Familien-lebenszyklus	**Unterneh-mensphase**	**allgemeine Persön-lichkeits-merkmale**	**Branche**	**Bankdienstleistungswahl**	

• Alter
• Geschlecht
• Familien-stand/
  Anzahl der
  Kinder
	• Gründung
	• Wachstums-
	  phase
	• Konsoli-
	  dierung
	• Liquidation
		• Aktivitäten
		• Interessen
		• Meinungen
		⎣ ⎦
		Lebensstil
			• Produzieren-
			  des Gewerbe
			• Handel
			• Dienstlei-
			  stungsunter-
			  nehmen
				• Käufer/Nichtkäufer
				• Schwerpunkt der Nachfrage
				• Aktiv-/Passivproduktwahl
				• Häufigkeit von Produkt-
				  nutzung/Transaktionen	

soziale Schicht	**Größe / Rechtsform**	• Soziale
		  Orientierung
		• Wagnis-
		  freudigkeit
				ergebnisorientierte Kriterien	

• Einkommen
• Vermögen
• Schulbildung
• Beruf
	• Umsatz
	• Bilanzsum-
	  me / Summe
	  Verbindlich-
	  keiten
	• Anzahl
	  Mitarbeiter
	• Kapital- u.
	  Personen-
	  gesellschaf-
	  ten, Einzel-
	  kaufleute u.
	  Freiberufler
		Persön-
		lichkeits-
		inventare
		
		produktspezifische Kriterien
		
		• Wahrnehmungen
		• Motive
		• spezifische Einstellungen
		• Präferenzen
		• Kaufabsichten
		• Nutzenvorstellungen
		  (Benefits)
		• Zufriedenheit
				• kundenindividueller
				  Deckungsbeitrag
				• Kundenwert, Customer-
				  Lifetime-Value
				
				Implizite Kriterien
				
				• Preisverhalten
				• Instituts-/ Vertriebswegewahl
				• Mediennutzung	

geographische Kriterien					

• Makrogeo-
  graphie
  (Bundesland,
  Region, Ge-
  meinde,
  Stadt)
• Mikrogeo-
  graphie
  (Wohnge-
  bietszelle,
  kleinräumige
  Regional-
  typologien)
	• national
	  operierende
	  Unter-
	  nehmen
	• international
	  operierende
	  Unter-
	  nehmen				

multidimensionale Kriterien	
Privat-kunden	**Firmen-kunden**
mehrstufige und mehrdimensionale Segmentierung	

Abbildung 39: Übersicht – Typologisierung der Segmentierungskriterien

Quelle: Keller, Jens (2006), S. 9

Anhang 8: Portfolio-Methode der Boston Consulting Group

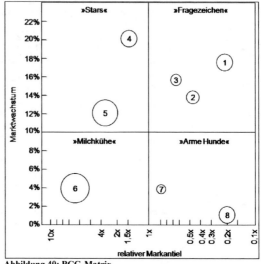

Abbildung 40: BCG-Matrix

Quelle: Bliemel, Friedhelm / Kotler, Philip (2005), S. 118

Feldbezeichnung / SGE-Typ	Feldcharakteristik	Mögliche Normstrategie
Question Marks	• operiert auf Wachstumsmarkt • geringer relativer Marktanteil • hierunter fallen SGEs in der Gründungs-phase • hoher kontinuierlicher Aufwand erforder-lich, um Marktwachstum zu übertreffen • kein positiver Cash flow	• Ausbauen → Marktanteil der Geschäftseinheit soll vergrößert werden
Stars	• starkes Marktwachstum • hoher relativer Marktanteil • entwickeln sich aus erfolgreichen Question Marks • kontinuierlicher Aufwand, um mit Marktwachstum Schritt zu halten • erste Gewinne	• Erhalten → Marktanteil soll auf gegenwärtigem Niveau gehalten werden
Cash Cows	• moderates Marktwachstum • hoher relativer Marktanteil • geringer Investitionsaufwand • Vorteile durch Fixkostendegression • hohe Gewinne	• Ernten → Gewinnabschöpfung, Investitionen verringern
Poor Dogs	• stagnierendes Marktwachstum • geringer relativer Marktanteil • erwirtschaften nur noch geringe Gewin-ne, bzw. sind bereits defizitär	• Abstoßen → Veräußerung oder Aufgabe der Geschäftseinheit

Tabelle 11: Die Positionierungsfelder der BCG-Matrix

Quelle: Bliemel, Friedhelm / Kotler, Philip (2005), S. 118 f.

Anhang 9: Portfolio-Methode von McKinsey

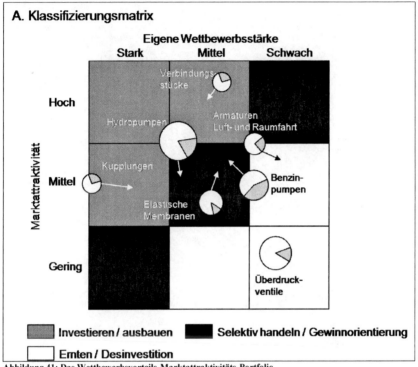

Abbildung 41: Das Wettbewerbsvorteils-Marktattraktivitäts-Portfolio

Quelle: Bliemel, Friedhelm / Kotler, Philip (2005), S. 122

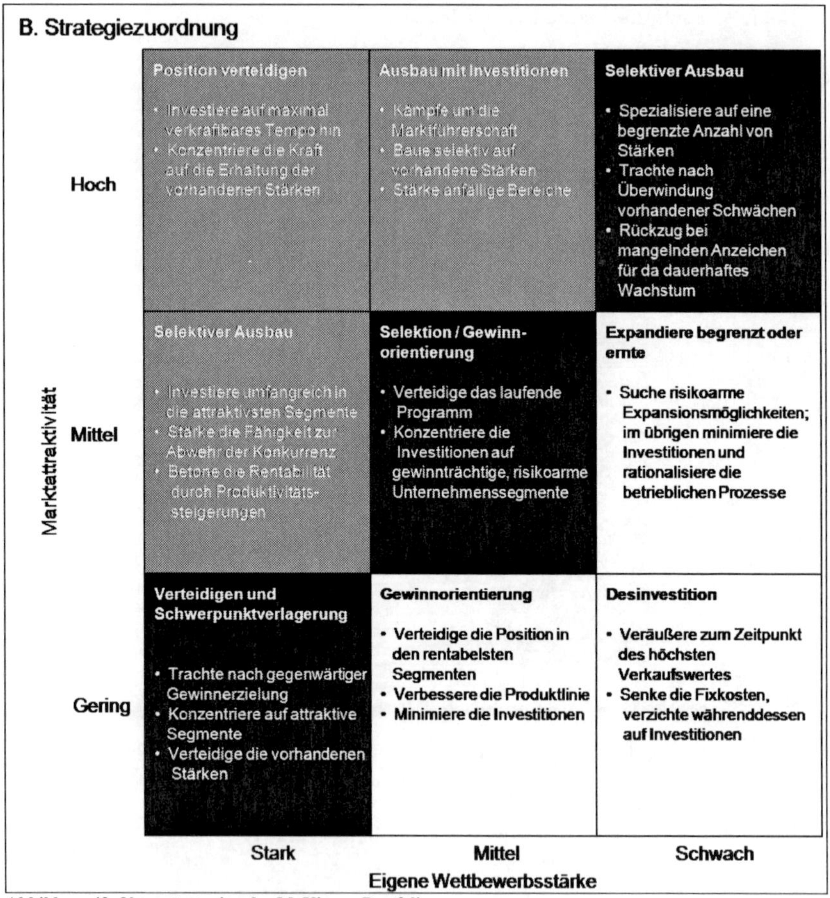

B. Strategiezuordnung

	Stark	Mittel	Schwach
Hoch	**Position verteidigen** • Investiere auf maximal verkraftbares Tempo hin • Konzentriere die Kraft auf die Erhaltung der vorhandenen Stärken	**Ausbau mit Investitionen** • Kämpfe um die Marktführerschaft • Baue selektiv auf vorhandene Stärken • Stärke anfällige Bereiche	**Selektiver Ausbau** • Spezialisiere auf eine begrenzte Anzahl von Stärken • Trachte nach Überwindung vorhandener Schwächen • Rückzug bei mangelnden Anzeichen für da dauerhaftes Wachstum
Mittel	**Selektiver Ausbau** • Investiere umfangreich in die attraktivsten Segmente • Stärke die Fähigkeit zur Abwehr der Konkurrenz • Betone die Rentabilität durch Produktivitätssteigerungen	**Selektion / Gewinnorientierung** • Verteidige das laufende Programm • Konzentriere die Investitionen auf gewinnträchtige, risikoarme Unternehmenssegmente	**Expandiere begrenzt oder ernte** • Suche risikoarme Expansionsmöglichkeiten; im übrigen minimiere die Investitionen und rationalisiere die betrieblichen Prozesse
Gering	**Verteidigen und Schwerpunktverlagerung** • Trachte nach gegenwärtiger Gewinnerzielung • Konzentriere auf attraktive Segmente • Verteidige die vorhandenen Stärken	**Gewinnorientierung** • Verteidige die Position in den rentabelsten Segmenten • Verbessere die Produktlinie • Minimiere die Investitionen	**Desinvestition** • Veräußere zum Zeitpunkt des höchsten Verkaufswertes • Senke die Fixkosten, verzichte währenddessen auf Investitionen

Marktattraktivität (vertikale Achse)

Eigene Wettbewerbsstärke (horizontale Achse)

Abbildung 42: Normstrategien des McKinsey-Portfolios

Quelle: Bliemel, Friedhelm / Kotler, Philip (2005), S. 122

		Gewichtung	Punktwert (1-5)	gewichteter Wert
Marktattraktivität	Marktgröße	0,20	4,00	0,80
	Jährliche Wachstumsrate	0,20	5,00	1,00
	Gewinnspannen in der Branche	0,15	4,00	0,60
	Wettbewerbsintensität	0,15	2,00	0,30
	technologische Erfordernisse	0,15	4,00	0,60
	Inflationsanfälligkeit	0,05	3,00	0,15
	Energiebedarf	0,05	2,00	0,10
	Umwelteinwirkungen	0,05	3,00	0,15
	gesellschaftliches/politisch-rechtliches Umfeld		muss akzeptabel sein	
		1,00		3,70

		Gewichtung	Punktwert (1-5)	gewichteter Wert
Eigene Wettbewerbsstärke	Marktanteil	0,10	4,00	0,40
	Wachstum des Marktanteils	0,15	2,00	0,30
	Produktqualität	0,10	4,00	0,40
	Markenimage	0,10	5,00	0,50
	Distributionsnetz	0,05	4,00	0,20
	Effektivität der Absatzförderung	0,05	3,00	0,15
	Produktionskapazität	0,05	3,00	0,15
	Produktionseffizienz	0,05	2,00	0,10
	Stückkosten	0,15	3,00	0,45
	Materialversorgung	0,05	5,00	0,25
	Leistungsfähigkeit in F & E	0,10	3,00	0,30
	Qualifikation der Führungskräfte	0,05	4,00	0,20
		1,00		3,40

Tabelle 12: Multifaktoren-Scoring nach McKinsey

Quelle: Bliemel, Friedhelm / Kotler, Philip (2005), S. 123

Anhang 10: Portfolio-Methode nach SCHRÖDER

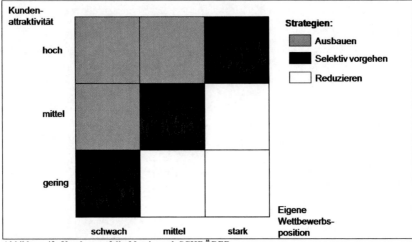

Abbildung 43: Kundenportfolio-Matrix nach SCHRÖDER

Quelle: Schröder, Gustav Adolf (2001)

Anhang 11: Segmentierungskriterien zur Potenzialerhebung

Allgemeine Kriterien	
• *Bankverbindung – Entwicklungspotenzial*	
• *Einschätzung Entwicklung Deckungsbeitrag*	
Kriterien – Beziehung zum Unternehmen	**Kriterien – Beziehung zum Unternehmer**
Potenzialanalyse – Betriebliche Bedarfsfelder	**Potenzialanalyse – Private Bedarfsfelder**
• Bedarfsfeld Liquidität und Zahlungsverkehr Zahlungsverkehr: - *Kontokorrent* - *Auslandszahlungsverkehr* - *eBanking* - *Kreditkartengeschäft* Kurzfristfinanzierung: - *Kontokorrent- / Termingeldkredit* - *Factoring* - *Avalkredit*	• Bedarfsfeld Zahlungsverkehr - *Kontokorrent* - *eBanking* - *Kreditkartengeschäft* • Bedarfsfeld Immobilien und Finanzierung - *Dispositionskredit* - *Private Anschaffungsdarlehen* - *Wohnbaufinanzierungen*
• Bedarfsfeld Investition und Finanzierung Mittel- / Langfristfinanzierung: - *Bankdarlehen* - *öffentliche Förderprogramme* - *Leasing* - *Vermittlung von Darlehen* - *Währungskredite*	• Bedarfsfeld private Vermögensanlage - *Tages- und Festgeld* - *Wertpapieranlage / Vermögensverwaltung* - *Bausparen* - *Immobilien*
• Bedarfsfeld Vermögensanlage Kurzfristanlage: - *Tages- und Festgeld* Langfristanlage: - *Wertpapieranlage / Vermögensverwaltung*	• Bedarfsfeld Absicherung und Vorsorge - *Sachversicherungen* - *Lebensversicherungen* - *Krankenversicherungen*
• Bedarfsfeld Risiko und Absicherung Absicherung: - *Sachversicherungen* Vorsorge: - *Betriebliche Altersvorsorge*	
Branchensituation	
• Aktuelle Umsatzprognose	
• *Kundenprognose im Vergleich zur Branche*	
Volkswirtschaftliche Rahmenparameter – Unternehmen	**Volkswirtschaftliche Rahmenparameter – Unternehmer**
• KfW-ifo-Mittelstandsbarometer Erwartungen	• Prognose – Kaufkraftkennziffer (regional)
	• Prognose – Entwicklung der Sparquote

Tabelle 13: Segmentierungskriterien zur Potenzialerhebung

Anhang 12: Eigenentwickeltes Segmentierungstool

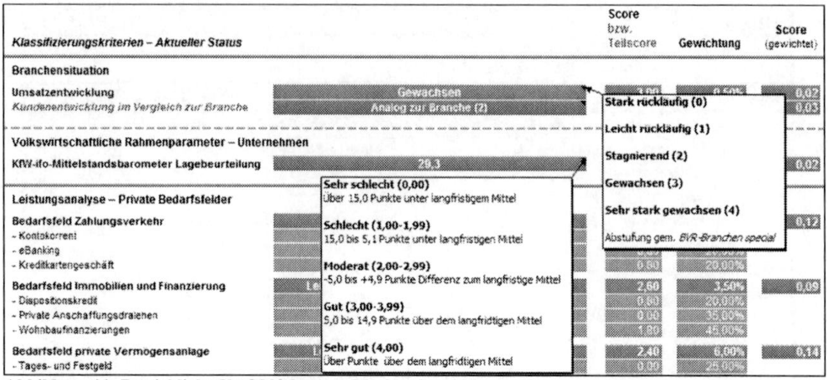

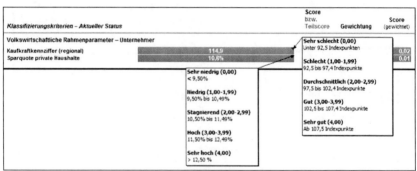

Abbildung 44: Betriebliche Umfeldfaktoren: Merkmalausprägungen

Quelle: Eigenentwickeltes Segmentierungstool

Abbildung 45: Private Umfeldfaktoren: Merkmalsausprägungen

Quelle: Eigenentwickeltes Segmentierungstool

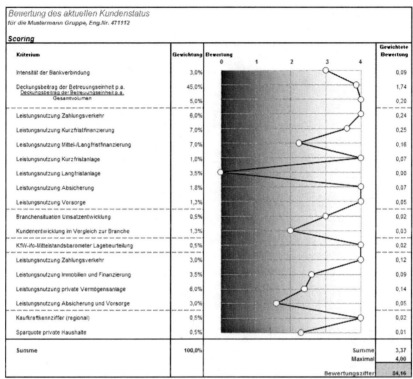

Bewertung des aktuellen Kundenstatus
für die Mustermann Gruppe, Eng.Nr. 471112

Scoring

Kriterium	Gewichtung	Bewertung 0 1 2 3 4	Gewichtete Bewertung
Intensität der Bankverbindung	3,0%		0,09
Deckungsbeitrag der Betreuungseinheit p.a.	45,0%		1,74
Deckungsbeitrag der Betreuungseinheit p.a. Gesamtvolumen	5,0%		0,20
Leistungsnutzung Zahlungsverkehr	6,0%		0,24
Leistungsnutzung Kurzfristfinanzierung	7,0%		0,25
Leistungsnutzung Mittel-/Langfristfinanzierung	7,0%		0,16
Leistungsnutzung Kurzfristanlage	1,8%		0,07
Leistungsnutzung Langfristanlage	3,5%		0,00
Leistungsnutzung Absicherung	1,8%		0,07
Leistungsnutzung Vorsorge	1,3%		0,05
Branchensituation Umsatzentwicklung	0,5%		0,02
Kundenentwicklung im Vergleich zur Branche	1,3%		0,03
KfW-ifo-Mittelstandsbarometer Lagebeurteilung	0,5%		0,02
Leistungsnutzung Zahlungsverkehr	3,0%		0,12
Leistungsnutzung Immobilien und Finanzierung	3,5%		0,09
Leistungsnutzung private Vermögensanlage	6,0%		0,14
Leistungsnutzung Absicherung und Vorsorge	3,0%		0,05
Kaufkraftkennziffer (regional)	0,5%		0,02
Sparquote private Haushalte	0,5%		0,01
Summe	100,0%		
		Summe	3,37
		Maximal	4,00
		Bewertungsziffer	84,16

Abbildung 46: Bewertungsprofil Statusscoring

Bewertung des Kundenpotenzials
für die Mustermann Gruppe, Eng.Nr. 471112

Scoring

Kritetium	Gewichtung	Bewertung	Gewichtete Bewertung
Bankverbindung – Entwicklungspotenzial	3,0%		0,06
Einschätzung Entwicklung Deckungsbeitrag p.a.	50,0%		1,50
Potenzial Leistungsgruppe Zahlungsverkehr	6,0%		0,09
Potenzial Leistungsgruppe Kurzfristfinanzierung	7,0%		0,13
Potenzial Leistungsgruppe Mittel- / Langfristfinanzierung	7,0%		0,12
Potenzial Leistungsgruppe Kurzfristanlage	1,8%		0,00
Potenzial Leistungsgruppe Langfristanlage	3,5%		0,04
Potenzial Leistungsgruppe Absicherung	1,8%		0,04
Potenzial Leistungsgruppe Vorsorge	1,3%		0,00
Aktuelle Umsatzprognose	0,5%		0,02
Kundenprognose im Vergleich zur Branche	1,3%		0,03
KfW-ifo-Mittelstandsbarometer Erwartungen	0,5%		0,02
Potenzial Leistungsgruppe Zahlungsverkehr	3,0%		0,04
Potenzial Leistungsgruppe Immobilien und Finanzierung	3,5%		0,05
Potenzial Leistungsgruppe private Vermögensanlage	6,0%		0,13
Potenzial Leistungsgruppe Absicherung und Vorsorge	3,0%		0,04
Prognose – Kaufkraftkennziffer (regional)	0,5%		0,02
Prognose – Sparquote private Haushalte	0,5%		0,01
Summe	**100,0%**		**Summe 2,31**
			Maximal 4,00
			Bewertungsziffer 57,65

Abbildung 47: Bewertungsprofil Potenzialscoring

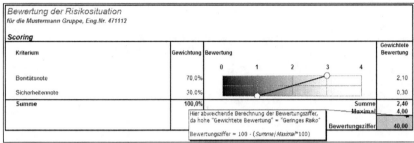

Abbildung 48: Bewertungsprofil Risikoscoring

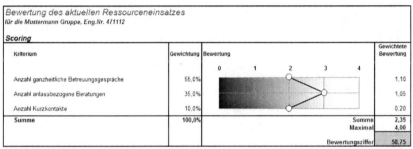

Abbildung 49: Bewertungsprofil Ressourcenscoring

Quelle: Eigenentwickeltes Segmentierungstool

Anhang 13: Fragebogen und Anschreiben

Unternehmensbefragung zum Thema:
„Optimierung des Leistungsangebotes in der Firmenkundenbetreuung"

1   Allgemeines:

1.1 In welchem Sektor ist Ihr Unternehmen tätig?

☐ Produktion   ☐ Baugewerbe
☐ Handel   ☐ Freie Berufe
☐ Dienstleistungen

1.2 In welcher Umsatzgrößenklasse befand sich Ihr Unternehmen im letzten Geschäftsjahr?

☐ unter 250.000 €   ☐ 2.500.000 € bis unter 5.000.000 €
☐ 250.000 € bis unter 500.000 €   ☐ 5.000.000 € bis unter 10.000.000 €
☐ 500.000 € bis unter 1.000.000 €   ☐ 10.000.000 € bis unter 50.000.000 €
☐ 1.000.000 € bis unter 2.500.000 €   ☐ 50.000.000 € und mehr

1.3 Die Eigenkapitalquote (Eigenkapital im Verhältnis zur Bilanzsumme) Ihres Unternehmens beträgt?

☐ unter 10%   ☐ 20% bis unter 30%
☐ 10% bis unter 20%   ☐ über 30 %

1.4 Zu wie vielen Banken unterhalten Sie aktuell eine aktive Kontoverbindung?

Zu _____ Bank(en).

1.5 Zu welcher Institutsgruppe gehört Ihre Hausbank?

☐ Volks- und Raiffeisenbanken   ☐ Sparkassen
☐ Großbanken   ☐ Privatbanken
☐ Sonstige

1.6 Wie zufrieden sind Sie insgesamt mit Ihrer Hausbank? Wenn Sie außerdem noch auf andere Dienstleister zurückgreifen, geben Sie bitte auch hier Ihre Gesamtzufriedenheit an.

Für den Fall, dass Sie in einer der genannten Kategorien mit mehr als einem Anbieter zusammenarbeiten (z.B. zwei Unternehmensberater), votieren Sie bitte für denjenigen mit der intensiveren Geschäftsbeziehung zu Ihrem Unternehmen.

Dienstleister	Zufriedenheit 1 = sehr unzufrieden 7 = sehr zufrieden						
	1	2	3	4	5	6	7
Hausbank	☐	☐	☐	☐	☐	☐	☐
Zweitkreditinstitut	☐	☐	☐	☐	☐	☐	☐
Finanzdienstleister	☐	☐	☐	☐	☐	☐	☐
Steuerberater	☐	☐	☐	☐	☐	☐	☐
Wirtschaftsprüfer	☐	☐	☐	☐	☐	☐	☐
Unternehmensberater	☐	☐	☐	☐	☐	☐	☐

Bitte auch die RÜCKSEITE ausfüllen!

2   Leistungsangebot im Firmenkundengeschäft

2.1   Bitte geben Sie für die in Frage 1.6 bewerteten Unternehmen folgendes an:

- Welche der nachstehenden Leistungsangebote sind Ihnen schon einmal aktiv angeboten worden? Kennzeichnen Sie bitte den/die entsprechenden Dienstleister *(Mehrfachnennungen erlaubt)*.

- Bitte markieren Sie in der Spalte daneben, die Dienstleistungen die Sie schon einmal in Anspruch genommen haben und kennzeichnen Sie den ausgewählten Anbieter *(Einfachnennung)*.

  Für den Fall, dass Sie einige Dienstleistungen bereits bei mehreren Anbietern genutzt haben, wählen Sie bitte denjenigen aus, mit dem Sie vorrangig zusammengearbeitet haben.

Dienstleistung	Leistungsangebot						Leistungs-inanspruchnahme					
	Hausbank	Zweitkreditinstitut	Finanzdienstleister	Steuerberater	Wirtschaftsprüfer	Unternehmensberater	Hausbank	Zweitkreditinstitut	Finanzdienstleister	Steuerberater	Wirtschaftsprüfer	Unternehmensberater
Bedarfsfeld: Liquidität und Zahlungsverkehr												
Betriebsmittelkredite	□	□	□	□	□	□	□	□	□	□	□	□
Elektronischer Zahlungsverkehr	□	□	□	□	□	□	□	□	□	□	□	□
Cash Management	□	□	□	□	□	□	□	□	□	□	□	□
Auslandszahlungsverkehr	□	□	□	□	□	□	□	□	□	□	□	□
Bedarfsfeld: Investition und Finanzierung												
Investitionskredite	□	□	□	□	□	□	□	□	□	□	□	□
Vermittlung öffentlicher Fördermittel	□	□	□	□	□	□	□	□	□	□	□	□
Hypothekenvermittlung	□	□	□	□	□	□	□	□	□	□	□	□
Immobilienvermittlung	□	□	□	□	□	□	□	□	□	□	□	□
Leasing	□	□	□	□	□	□	□	□	□	□	□	□
Im- und Exportfinanzierung	□	□	□	□	□	□	□	□	□	□	□	□
Bürgschafts- und Garantiegeschäft	□	□	□	□	□	□	□	□	□	□	□	□
Mezzanine Finanzierung	□	□	□	□	□	□	□	□	□	□	□	□
Bedarfsfeld: Risiko und Absicherung												
Forderungsmanagement	□	□	□	□	□	□	□	□	□	□	□	□
Zins- und Währungsmanagement	□	□	□	□	□	□	□	□	□	□	□	□
Sachversicherungen	□	□	□	□	□	□	□	□	□	□	□	□
Lebensversicherungen	□	□	□	□	□	□	□	□	□	□	□	□
Betriebliche Altersvorsorge	□	□	□	□	□	□	□	□	□	□	□	□
Bedarfsfeld: Vermögensanlage												
Anlagemanagement	□	□	□	□	□	□	□	□	□	□	□	□
Vermögensberatung	□	□	□	□	□	□	□	□	□	□	□	□
Private Vermögensplanung für den Unternehmer	□	□	□	□	□	□	□	□	□	□	□	□
Bedarfsfeld: Betriebswirtschaftliche Beratung												
Regelmäßiges ganzheitliches Strategiegespräch	□	□	□	□	□	□	□	□	□	□	□	□
Bilanzanalysegespräch	□	□	□	□	□	□	□	□	□	□	□	□
Ratingberatung	□	□	□	□	□	□	□	□	□	□	□	□
Stärken-/ Schwächenanalyse	□	□	□	□	□	□	□	□	□	□	□	□
Risikoanalyse / Risikoprofil	□	□	□	□	□	□	□	□	□	□	□	□
Existenzgründungsberatung	□	□	□	□	□	□	□	□	□	□	□	□
Unternehmensnachfolgeberatung	□	□	□	□	□	□	□	□	□	□	□	□
Projektbeurteilung	□	□	□	□	□	□	□	□	□	□	□	□
Beratung von Auslandsprojekten	□	□	□	□	□	□	□	□	□	□	□	□
Unterstützung bei der Investitionsplanung	□	□	□	□	□	□	□	□	□	□	□	□
Unterstützung bei der Erstellung einer Planbilanz	□	□	□	□	□	□	□	□	□	□	□	□
Unterstützung bei der Liquiditätsplanung	□	□	□	□	□	□	□	□	□	□	□	□
Lohnnebenkostenoptimierung	□	□	□	□	□	□	□	□	□	□	□	□
Workshops / Erfahrungsaustausch zu betriebswirtschaftlichen Themen	□	□	□	□	□	□	□	□	□	□	□	□

2.2 Beurteilen Sie nun die Wichtigkeit der genannten Dienstleistungen für Ihr Unternehmen. Bitte geben Sie zusätzlich Ihre Zufriedenheit mit der Inanspruchnahme an, wenn Sie die Dienstleistung schon einmal bei Ihrer Hausbank genutzt haben.

Für den Fall, dass Sie die Dienstleistung noch nie bei Ihrer Hausbank in Anspruch genommen haben, kreuzen Sie bitte das Kästchen in der Spalte „0" an.

	Wichtigkeit							Zufriedenheit							
	1 = äußerst unwichtig 7 = äußerst wichtig							0 = noch nie genutzt 1 = sehr unzufrieden 7 = sehr zufrieden							
Dienstleistung	1	2	3	4	5	6	7	0	1	2	3	4	5	6	7
Bedarfsfeld: Liquidität und Zahlungsverkehr															
Betriebsmittelkredite	☐	☐	☐	☐	☐	☐	☐	☐	☐	☐	☐	☐	☐	☐	☐
Elektronischer Zahlungsverkehr	☐	☐	☐	☐	☐	☐	☐	☐	☐	☐	☐	☐	☐	☐	☐
Cash Management	☐	☐	☐	☐	☐	☐	☐	☐	☐	☐	☐	☐	☐	☐	☐
Auslandszahlungsverkehr	☐	☐	☐	☐	☐	☐	☐	☐	☐	☐	☐	☐	☐	☐	☐
Bedarfsfeld: Investition und Finanzierung															
Investitionskredite	☐	☐	☐	☐	☐	☐	☐	☐	☐	☐	☐	☐	☐	☐	☐
Vermittlung öffentlicher Fördermittel	☐	☐	☐	☐	☐	☐	☐	☐	☐	☐	☐	☐	☐	☐	☐
Hypothekenvermittlung	☐	☐	☐	☐	☐	☐	☐	☐	☐	☐	☐	☐	☐	☐	☐
Immobilienvermittlung	☐	☐	☐	☐	☐	☐	☐	☐	☐	☐	☐	☐	☐	☐	☐
Leasing	☐	☐	☐	☐	☐	☐	☐	☐	☐	☐	☐	☐	☐	☐	☐
Im- und Exportfinanzierung	☐	☐	☐	☐	☐	☐	☐	☐	☐	☐	☐	☐	☐	☐	☐
Bürgschafts- und Garantiegeschäft	☐	☐	☐	☐	☐	☐	☐	☐	☐	☐	☐	☐	☐	☐	☐
Mezzanine Finanzierung	☐	☐	☐	☐	☐	☐	☐	☐	☐	☐	☐	☐	☐	☐	☐
Bedarfsfeld: Risiko und Absicherung															
Forderungsmanagement	☐	☐	☐	☐	☐	☐	☐	☐	☐	☐	☐	☐	☐	☐	☐
Zins- und Währungsmanagement	☐	☐	☐	☐	☐	☐	☐	☐	☐	☐	☐	☐	☐	☐	☐
Sachversicherungen	☐	☐	☐	☐	☐	☐	☐	☐	☐	☐	☐	☐	☐	☐	☐
Lebensversicherungen	☐	☐	☐	☐	☐	☐	☐	☐	☐	☐	☐	☐	☐	☐	☐
Betriebliche Altersvorsorge	☐	☐	☐	☐	☐	☐	☐	☐	☐	☐	☐	☐	☐	☐	☐
Bedarfsfeld: Vermögensanlage															
Anlagemanagement	☐	☐	☐	☐	☐	☐	☐	☐	☐	☐	☐	☐	☐	☐	☐
Vermögensberatung	☐	☐	☐	☐	☐	☐	☐	☐	☐	☐	☐	☐	☐	☐	☐
Private Vermögensplanung für den Unternehmer	☐	☐	☐	☐	☐	☐	☐	☐	☐	☐	☐	☐	☐	☐	☐
Bedarfsfeld: Betriebswirtschaftliche Beratung															
Regelmäßiges ganzheitliches Strategiegespräch	☐	☐	☐	☐	☐	☐	☐	☐	☐	☐	☐	☐	☐	☐	☐
Bilanzanalysegespräch	☐	☐	☐	☐	☐	☐	☐	☐	☐	☐	☐	☐	☐	☐	☐
Ratingberatung	☐	☐	☐	☐	☐	☐	☐	☐	☐	☐	☐	☐	☐	☐	☐
Stärken-/ Schwächenanalyse	☐	☐	☐	☐	☐	☐	☐	☐	☐	☐	☐	☐	☐	☐	☐
Risikoanalyse / Risikoprofil	☐	☐	☐	☐	☐	☐	☐	☐	☐	☐	☐	☐	☐	☐	☐
Existenzgründungsberatung	☐	☐	☐	☐	☐	☐	☐	☐	☐	☐	☐	☐	☐	☐	☐
Unternehmensnachfolgeberatung	☐	☐	☐	☐	☐	☐	☐	☐	☐	☐	☐	☐	☐	☐	☐
Projektbeurteilung	☐	☐	☐	☐	☐	☐	☐	☐	☐	☐	☐	☐	☐	☐	☐
Beratung von Auslandsprojekten	☐	☐	☐	☐	☐	☐	☐	☐	☐	☐	☐	☐	☐	☐	☐
Unterstützung bei der Investitionsplanung	☐	☐	☐	☐	☐	☐	☐	☐	☐	☐	☐	☐	☐	☐	☐
Unterstützung bei der Erstellung einer Planbilanz	☐	☐	☐	☐	☐	☐	☐	☐	☐	☐	☐	☐	☐	☐	☐
Unterstützung bei der Liquiditätsplanung	☐	☐	☐	☐	☐	☐	☐	☐	☐	☐	☐	☐	☐	☐	☐
Lohnnebenkostenoptimierung	☐	☐	☐	☐	☐	☐	☐	☐	☐	☐	☐	☐	☐	☐	☐
Workshops / Erfahrungsaustausch zu betriebswirtschaftlichen Themen	☐	☐	☐	☐	☐	☐	☐	☐	☐	☐	☐	☐	☐	☐	☐

3   Anforderungen an eine partnerschaftliche Geschäftsbeziehung

3.1   Bitte geben Sie zunächst die Wichtigkeit an, die die nachstehenden Merkmale im Rahmen einer partnerschaftlichen Geschäftsbeziehung für Sie haben.

Beurteilen Sie dann, inwieweit Ihre Hausbank die Erwartungen an das jeweilige Kriterium zu Ihrer Zufriedenheit erfüllt.

Merkmal	Wichtigkeit 1 = äußerst unwichtig 7 = äußerst wichtig							Zufriedenheit 1 = sehr unzufrieden 7 = sehr zufrieden						
	1	2	3	4	5	6	7	1	2	3	4	5	6	7
Persönlicher Ansprechpartner	□	□	□	□	□	□	□	□	□	□	□	□	□	□
Konstanz der Bezugsperson (nach Möglichkeit keine wechselnden Ansprechpartner)	□	□	□	□	□	□	□	□	□	□	□	□	□	□
Ähnliche Einstellungen und Wertvorstellungen des Betreuers	□	□	□	□	□	□	□	□	□	□	□	□	□	□
Regelmäßiger persönlicher Kontakt	□	□	□	□	□	□	□	□	□	□	□	□	□	□
Private Kontakte zu Ihrem Firmenkundenbetreuer	□	□	□	□	□	□	□	□	□	□	□	□	□	□
Betreuer, der auf meine individuelle Situation eingeht	□	□	□	□	□	□	□	□	□	□	□	□	□	□
Hinzuziehung von Spezialisten	□	□	□	□	□	□	□	□	□	□	□	□	□	□
Bankfachliche Kompetenz des Betreuers (fundierte bankkaufmännische Ausbildung, gute Produktkenntnis, verständliche Erklärungen)	□	□	□	□	□	□	□	□	□	□	□	□	□	□
Betriebswirtschaftliche Kompetenz des Betreuers (fundierte betriebswirtschaftliche Ausbildung mit Theorie- und Praxisbezug)	□	□	□	□	□	□	□	□	□	□	□	□	□	□
Aktives Erkennen und Ansprechen von Optimierungspotenzial in Bezug auf die angebotenen Finanzdienstleistungen	□	□	□	□	□	□	□	□	□	□	□	□	□	□
Gegenüberstellung von Alternativen	□	□	□	□	□	□	□	□	□	□	□	□	□	□
Aktives Erkennen und Ansprechen von betriebswirtschaftlichen Handlungsfeldern	□	□	□	□	□	□	□	□	□	□	□	□	□	□
Regelmäßiges zur Verfügung stellen von Brancheninformationen	□	□	□	□	□	□	□	□	□	□	□	□	□	□
Branchenkenntnis des Betreuers	□	□	□	□	□	□	□	□	□	□	□	□	□	□
Gegenseitige Vertrauensbereitschaft	□	□	□	□	□	□	□	□	□	□	□	□	□	□
Zuverlässigkeit	□	□	□	□	□	□	□	□	□	□	□	□	□	□
Termintreue	□	□	□	□	□	□	□	□	□	□	□	□	□	□
Schnelle Entscheidungen	□	□	□	□	□	□	□	□	□	□	□	□	□	□
Offenheit (z.B. offene Ratingkommunikation, frühzeitige Ansprache von Problemfeldern)	□	□	□	□	□	□	□	□	□	□	□	□	□	□
Transparenz (z.B. bzgl. der Konditionsgestaltung)	□	□	□	□	□	□	□	□	□	□	□	□	□	□
Fairness	□	□	□	□	□	□	□	□	□	□	□	□	□	□
Angenehme Atmosphäre	□	□	□	□	□	□	□	□	□	□	□	□	□	□
Diskrete Beratungsräume	□	□	□	□	□	□	□	□	□	□	□	□	□	□
Beratungstermine in meinen Geschäftsräumen	□	□	□	□	□	□	□	□	□	□	□	□	□	□

3.2   Wie würden Sie aufgrund des Leistungsangebotes und des Erfüllungsgrades der genannten Beziehungsmerkmale die Stärke der Bindung zu Ihrer Hausbank einschätzen?

	1 = äußerst schwach ausgeprägt 7 = äußerst stark ausgeprägt						
	1	2	3	4	5	6	7
Stärke der Bindung zur Hausbank – insgesamt	☐	☐	☐	☐	☐	☐	☐
Komponenten der Bindung							
Gebundenheit (Rationale Vorteilhaftigkeit der Geschäftsbeziehung)	☐	☐	☐	☐	☐	☐	☐
Verbundenheit (Erfüllung der Anforderungen durch den Firmenkun- denbetreuer)	☐	☐	☐	☐	☐	☐	☐
Bindung aufgrund des umfangreichen Dienstleistungs- angebotes	☐	☐	☐	☐	☐	☐	☐

4   Bedarfsfeld: Betriebswirtschaftliche Beratung

4.1   Für den Fall, dass Sie im Bedarfsfeld Beratungsdienstleistungen an Stelle Ihrer Hausbank auf Leistungen
anderer Kreditinstitute oder Drittdienstleister zurückgreifen hat das welche Gründe *(Mehrfachnennungen
erlaubt)*?

☐   Hausbank bietet Dienstleistung nicht an

☐   fehlender Spezialist
(Dienstleistung wird dem Firmenkundenbetreuer
nicht zugetraut)

☐   Sonstige Gründe:

☐   mangelnde betriebswirtschaftliche Kompetenz
der Hausbank

☐   Unerfahrenheit der Hausbank

4.2   Bitte geben Sie an, bei welchen Beratungsdienstleistungen aus Ihrer Sicht ein stärkeres Engagement Ihrer
Hausbank wünschenswert wäre und kennzeichnen Sie zusätzlich, ob Sie die jeweilige Dienstleistung der
Bank aktuell zutrauen oder die Kompetenz in dem jeweiligen Bereich noch erweitert werden sollte.

Markieren Sie bitte auch, ob die Beratungsleistung idealer Weise durch Ihren Firmenkundenbetreuer oder
unter Hinzuziehung eines Spezialisten erfolgen sollte.

	Stärkeres Engagement wünschenswert					**Aktuelle Kompetenz der Hausbank**					**Spezialist?**
	-- = Dienstleistung uninteressant 0 = Engagement i.O. ++ = stärkeres Engagement wünschenswert					1 = Kompetenz völlig unzureichend 5 = sehr hohe Kompetenz					
Dienstleistung	--	-	0	+	++	1	2	3	4	5	
Regelmäßiges ganzheitliches Strategiegespräch	☐	☐	☐	☐	☐	☐	☐	☐	☐	☐	☐
Bilanzanalysegespräch	☐	☐	☐	☐	☐	☐	☐	☐	☐	☐	☐
Ratingberatung	☐	☐	☐	☐	☐	☐	☐	☐	☐	☐	☐
Stärken-/ Schwächenanalyse	☐	☐	☐	☐	☐	☐	☐	☐	☐	☐	☐
Risikoanalyse / Risikoprofil	☐	☐	☐	☐	☐	☐	☐	☐	☐	☐	☐

Fortsetzung – Nächste Seite…

Dienstleistung	Stärkeres Engagement wünschenswert -- = Dienstleistung uninteressant 0 = Engagement i.O. ++ = stärkeres Engagement wünschenswert					Aktuelle Kompetenz der Hausbank 1 = Kompetenz völlig unzureichend 5 = sehr hohe Kompetenz					Spezia-list?
	--	-	0	+	++	1	2	3	4	5	
Existenzgründungsberatung	☐	☐	☐	☐	☐	☐	☐	☐	☐	☐	☐
Unternehmensnachfolgeberatung	☐	☐	☐	☐	☐	☐	☐	☐	☐	☐	☐
Projektbeurteilung	☐	☐	☐	☐	☐	☐	☐	☐	☐	☐	☐
Beratung von Auslandsprojekten	☐	☐	☐	☐	☐	☐	☐	☐	☐	☐	☐
Unterstützung bei der Investitionsplanung	☐	☐	☐	☐	☐	☐	☐	☐	☐	☐	☐
Unterstützung bei der Erstellung einer Planbilanz	☐	☐	☐	☐	☐	☐	☐	☐	☐	☐	☐
Unterstützung bei der Liquiditätsplanung	☐	☐	☐	☐	☐	☐	☐	☐	☐	☐	☐
Lohnnebenkostenoptimierung	☐	☐	☐	☐	☐	☐	☐	☐	☐	☐	☐
Workshops / Erfahrungsaustausch zu betriebswirtschaftlichen Themen	☐	☐	☐	☐	☐	☐	☐	☐	☐	☐	☐

4.3   Bewerten Sie bitte, inwieweit die betriebswirtschaftliche Beratung bei den unterschiedlichen Anbietern ein Ihren Ansprüchen entsprechendes Engagement aufweist und ob Sie die Bepreisung für angemessen halten.

Dienstleistung	Engagement -- = völlig unzureichend ++ = sehr hoch					Bepreisung -- = viel zu teuer ++ = ausgezeichnetes Preisleistungs-verhältnis				
	--	-	0	+	++	--	-	0	+	++
Steuerberater	☐	☐	☐	☐	☐	☐	☐	☐	☐	☐
Wirtschaftsprüfer	☐	☐	☐	☐	☐	☐	☐	☐	☐	☐
Unternehmensberater	☐	☐	☐	☐	☐	☐	☐	☐	☐	☐
Hausbank	☐	☐	☐	☐	☐	☐	☐	☐	☐	☐
Zweitkreditinstitut	☐	☐	☐	☐	☐	☐	☐	☐	☐	☐
Finanzdienstleister	☐	☐	☐	☐	☐	☐	☐	☐	☐	☐

4.4   Bitte geben Sie an, inwiefern folgende Aussage auf Sie zutrifft:

„Wenn meine Hausbank bestimmte betriebswirtschaftliche Beratungsdienstleistungen – bei einem spürbaren Mehrwert und zu einem besseren Preisleistungsverhältnis als andere Dienstleister – anbieten würde, würde ich auf das Angebot der Hausbank zurückgreifen."

trifft auf keinen Fall zu	trifft nicht zu	trifft eher nicht zu	trifft bedingt zu	trifft zu	trifft voll-kommen zu
☐	☐	☐	☐	☐	☐

Sind Sie an den Ergebnissen der Befragung interessiert?

Wenn ja, tragen Sie bitte Ihre Daten ein, damit wir Ihnen das Auswertungsergebnis als PDF-Dokument zusenden können.

Die Adresse wird nicht an Dritte weitergegeben und im Anschluss an den Versand des Ergebnisses gelöscht.

E-Mail:

Firma:

Anrede:

Name:

Vielen Dank für Ihre Teilnahme!

Rücksendebogen

Rücksendung bitte an:

<ABSE1>
<ABSE2>
<ABSE3>
<ABSE4>
<ABSE5>
<ABSE6>

Hinweis:

Den ausgefüllten Fragebogen können Sie auch gern – persönlich oder per Boten – in Ihrer Geschäftsstelle einreichen.

Vielen Dank für Ihre Mithilfe!

<ABSE1>   ████ im November 2006
<ABSE2>
<ABSE3>
<ABSE4>
<ABSE5>
<ABSE6>

<ADRZ1>
<ADRZ2>
<ADRZ3>
<ADRZ4>
<ADRZ5>
<ADRZ6>

Diplomarbeit - Optimierung des Leistungsangebotes in der Firmenkundenbetreuung

<ANRED1>
<ANRED2>

die stetige Verbesserung des Betreuungsangebotes ist ein wesentlicher Anspruch im Firmenkundengeschäft der Volks- und Raiffeisenbanken und die Basis einer ganzheitlichen Kundenbetreuung.

Denn nur Banken, die die Anforderungen ihrer Kunden genau kennen, können Ihr Dienstleistungsportfolio optimal auf die Kundenwünsche abstimmen.

Im Rahmen meines berufsbegleitenden Studiums an der FHDW - Fachhochschule der Wirtschaft möchte ich in meiner Diplomarbeit untersuchen, inwieweit im Firmenkundengeschäft ein Wandel der Anforderungsstruktur gegenüber Banken erkennbar ist.

Um eine möglichst aussagefähige Studie zu erhalten und damit Verbesserungspotenzial im Betreuungsangebot der Volks- und Raiffeisenbanken aufzudecken, bin ich auf Ihre Mithilfe angewiesen und möchte Sie herzlich bitten, den beigefügten Fragebogen auszufüllen oder im Internet an der Befragung - unter nachstehendem Link - teilzunehmen:

Internetlink: ████████████████████████████████
Passwort: ████████████

Die Beantwortung des Fragebogens ist, trotz des vermeintlich großen Umfangs, schnell durchzuführen und wird nicht mehr als **15 Minuten** Ihrer Zeit beanspruchen.

Um eine fristgerechte Auswertung zu gewährleisten, bin ich Ihnen für einen Rücklauf bis zum 08. Dezember 2006 sehr dankbar. Dieser kann durch Abgabe in Ihrer Geschäftsstelle, Rücksendung oder Internetteilnahme erfolgen.

Seite 2 von 2 zum Schreiben aus November 2006

Selbstverständlich erfolgt die Auswertung anonymisiert. Ihre Daten werden vertraulich behandelt und nicht an Dritte weitergegeben.

Die Ergebnisse der Studie stelle ich Ihnen auf Wunsch gern zur Verfügung.

Für Ihre Unterstützung und Ihren Beitrag zum Gelingen meiner Diplomarbeit bedanke ich mich schon im Voraus recht herzlich!

Mit freundlichen Grüßen,

Nino Raddao

Anhang 14: Auswertung der empirischen Erhebung

Sektor	absolut	relativ
Handel	33	29,46%
Dienstleistung	31	27,68%
Produktion	29	25,89%
Baugewerbe	16	14,29%
Freie Berufe	3	2,68%
Gesamtwert	112	100,00%

Tabelle 14: Sektorzugehörigkeit der Stichprobe

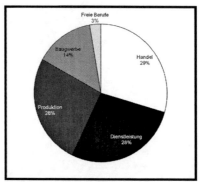

Abbildung 50: Kreisdiagramm: Sektorzugehörigkeit

Eigenkapitalquote	absolut	relativ
unter 10%	36	33,03%
10% bis unter 20%	16	14,68%
20% bis unter 30%	27	24,77%
über 30%	30	27,52%
Gesamtwert	109	100,00%

Tabelle 15: Eigenkapitalstruktur der Stichprobe

Anzahl aktiver Kontoverbindungen	absolut	relativ
1	25	22,32%
2	58	51,79%
3	22	19,64%
4	5	4,46%
5	2	1,79%
Gesamtwert	112	100,00%
Ø Anzahl aktiver Bankverbindungen		2,12

Tabelle 16: Stichprobenstruktur: Anzahl aktiver Kontoverbindungen

Hausbankstatus		
Volks- und Raiffeisenbanken	90	80,36%
Sparkassen	17	15,18%
Großbanken	5	4,46%
Gesamtwert	**112**	**100,00%**

Tabelle 17: Strichprobenstruktur: Banken mit Hausbankstatus

Dienstleistung	Leistungsangebot						Leistungsinanspruchnahme					
	Hausbank	Zweit-kreditinstitut	Finanz-dienstleister	Steuerberater	Wirtschafts-prüfer	Unterneh-mensberater	Hausbank	Zweit-kreditinstitut	Finanz-dienstleister	Steuerberater	Wirtschafts-prüfer	Unterneh-mensberater
Bedarfsfeld: Liquidität und Zahlungsverkehr												
Betriebsmittelkredite	89	40	11	0	0	4	78	4	1	0	0	0
Elektronischer Zahlungsverkehr	100	42	1	1	0	0	84	7	0	1	0	0
Cash Management	37	19	0	2	0	0	22	5	0	0	0	0
Auslandszahlungsverkehr	53	21	0	2	0	1	41	6	0	0	0	0
Bedarfsfeld: Investition und Finanzierung												
Investitionskredite	80	34	7	2	0	2	63	4	3	2	0	0
Vermittlung öffentlicher Fördermittel	54	18	7	1	0	7	41	4	0	0	0	5
Hypothekenvermittlung	42	17	0	1	0	2	35	2	0	0	0	0
Immobilienvermittlung	18	11	2	0	0	1	11	2	2	0	0	0
Leasing	39	17	23	0	0	1	22	3	19	0	0	0
Im- und Exportfinanzierung	9	7	0	2	0	0	5	1	0	0	0	0
Bürgschafts- und Garantiegeschäft	48	13	4	0	0	2	42	3	2	0	0	0
Mezzanine Finanzierung	6	4	1	2	0	3	1	1	0	0	0	0
Bedarfsfeld: Risiko und Absicherung												
Forderungsmanagement	12	4	13	4	0	3	2	0	6	0	0	2
Zins- und Währungsmanagement	12	11	2	0	0	2	8	4	0	0	0	2
Sachversicherungen	32	16	27	0	0	2	11	2	25	0	0	0
Lebensversicherungen	42	21	29	2	0	2	19	5	27	0	0	0
Betriebliche Altersvorsorge	42	21	33	2	0	3	14	3	26	0	0	1
Bedarfsfeld: Vermögensanlage												
Anlagemanagement	36	18	8	4	0	2	23	3	3	1	0	0
Vermögensberatung	30	11	12	6	0	3	15	0	4	5	1	0
Private Vermögensplanung für den Unternehmer	34	19	14	7	2	4	19	2	5	4	2	0
Bedarfsfeld: Betriebswirtschaftliche Beratung												
Regelmäßiges ganzheitliches Strategiegespräch	43	19	2	18	4	9	34	0	1	16	2	6
Bilanzanalysegespräch	69	22	3	29	7	4	49	2	1	23	6	3
Ratingberatung	54	22	3	5	1	3	42	2	1	4	1	1
Stärken-/ Schwächenanalyse	19	5	1	7	2	10	17	0	0	5	1	6
Risikoanalyse / Risikoprofil	12	2	2	7	2	7	11	0	0	5	2	5
Existenzgründungsberatung	20	6	0	5	1	2	15	1	0	1	1	3
Unternehmensnachfolgeberatung	4	1	0	18	5	3	3	0	0	14	3	2
Projektbeurteilung	3	1	0	2	0	7	4	0	0	1	0	5
Beratung von Auslandsprojekten	4	1	0	0	0	5	1	2	0	0	0	2
Unterstützung bei der Investitionsplanung	16	5	0	7	4	8	11	0	0	13	1	4
Unterstützung bei der Erstellung einer Planbilanz	6	0	1	9	1	9	3	0	0	9	2	5
Unterstützung bei der Liquiditätsplanung	13	2	1	8	0	10	10	0	0	7	1	7
Lohnnebenkostenoptimierung	4	1	3	7	0	7	2	0	1	6	0	3
Workshops / Erfahrungsaustausch zu betriebswirtschaftlichen Themen	13	6	1	8	1	5	6	1	0	5	1	4

Tabelle 18: Leistungsangebot und -inanspruchnahme bei verschiedenen Dienstleistern

---

Hypothesenschema zur Überprüfung einer potenziellen Basisanforderung

mittels Importance Grid

H_0: Das Merkmal stellt eine Basisanforderung dar.

Prüfung der expliziten Wichtigkeit	Prüfung der impliziten Wichtigkeit
H_0: In Relation zu anderen Merkmalen weist die das untersuchte Beziehungsmerkmal eine hohe explizite Wichtigkeit auf.	H_0: Die Zufriedenheit mit dem jeweiligen Merkmal hat eine verhältnismäßig eher geringe, positive Wirkung auf die Gesamtzufriedenheit.

bei Bestätigung von H_0

$$H_0 : \overline{x}_j > \frac{\sum_{i=1}^{n}\overline{x}_i}{n}$$

bei Bestätigung von H_0

$$H_0 : \hat{b}_j < \frac{\sum_{i=1}^{n}\hat{b}_i}{n}$$

$\overline{x}_j$ = Durchschnittliche Wichtigkeitsbewertung des untersuchten Merkmals

$\overline{x}_i$ = Durchschnittliche Wichtigkeitsbewertung des i-ten Merkmals

n = Gesamtanzahl der untersuchten Merkmale

$\frac{\sum_{i=1}^{n}\overline{x}_i}{n}$ = Arithmetisches Mittel der durchschnittlichen Wichtigkeitsbewertung aller Merkmale (Basis für die Achsenverteilung im *Importance Grid*)

$\hat{b}_j$ = Standardisierter Regressionskoeffizient der untersuchten Merkmals

$\hat{b}_i$ = Standardisierter Regressionskoeffizient des i-ten Merkmals

n = Gesamtanzahl der untersuchten Merkmale

$\frac{\sum_{i=1}^{n}\hat{b}_i}{n}$ = Arithmetisches Mittel der standardisierten Regressionskoeffizienten aller Merkmale (Basis für die Achsenverteilung im *Importance Grid*)

Prüfung der Regressionsfunktion	Prüfung der Regressionskoeffizienten
H_0: Die Regressionsfunktion weist keinen signifikanten Zusammenhang, bei $\alpha = 0,10$ auf	H_0: Die Regressionskoeffizienten der einzelnen Merkmale sind bei $\alpha = 0,10$ nicht signifikant

bei Ablehnung von H_0

$$H_0 : \beta_1 = \beta_2 \ldots = \beta_j = 0$$

β = wahrer Regressionskoeffizient

→ F-Statistik: H_0: $F_{emp} \leq F_{tab}$

bei Ablehnung von H_0

$$H_0 : \beta_j = 0$$

β = wahrer Regressionskoeffizient

→ t-Statistik: $H_0 = F_{emp} \leq F_{tab}$

Abbildung 51: Hypothesenschema zur Überprüfung von Basisanforderungen

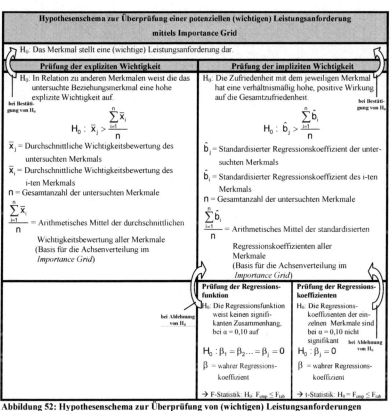

Hypothesenschema zur Überprüfung einer potenziellen (wichtigen) Leistungsanforderung

mittels Importance Grid

H_0: Das Merkmal stellt eine (wichtige) Leistungsanforderung dar.

Prüfung der expliziten Wichtigkeit	Prüfung der impliziten Wichtigkeit
H_0: In Relation zu anderen Merkmalen weist die das untersuchte Beziehungsmerkmal eine hohe explizite Wichtigkeit auf.	H_0: Die Zufriedenheit mit dem jeweiligen Merkmal hat eine verhältnismäßig hohe, positive Wirkung auf die Gesamtzufriedenheit.

bei Bestätigung von H_0

$$H_0 : \overline{x}_j > \frac{\sum_{i=1}^{n} \overline{x}_i}{n}$$

$\overline{x}_j$ = Durchschnittliche Wichtigkeitsbewertung des untersuchten Merkmals

$\overline{x}_i$ = Durchschnittliche Wichtigkeitsbewertung des i-ten Merkmals

n = Gesamtanzahl der untersuchten Merkmale

$\dfrac{\sum_{i=1}^{n} \overline{x}_i}{n}$ = Arithmetisches Mittel der durchschnittlichen Wichtigkeitsbewertung aller Merkmale (Basis für die Achsenverteilung im *Importance Grid*)

bei Bestätigung von H_0

$$H_0 : \hat{b}_j > \frac{\sum_{i=1}^{n} \hat{b}_i}{n}$$

$\hat{b}_j$ = Standardisierter Regressionskoeffizient der untersuchten Merkmals

$\hat{b}_i$ = Standardisierter Regressionskoeffizient des i-ten Merkmals

n = Gesamtanzahl der untersuchten Merkmale

$\dfrac{\sum_{i=1}^{n} \hat{b}_i}{n}$ = Arithmetisches Mittel der standardisierten Regressionskoeffizienten aller Merkmale (Basis für die Achsenverteilung im *Importance Grid*)

Prüfung der Regressionsfunktion	**Prüfung der Regressionskoeffizienten**
H_0: Die Regressionsfunktion weist keinen signifikanten Zusammenhang, bei $\alpha = 0,10$ auf	H_0: Die Regressionskoeffizienten der einzelnen Merkmale sind bei $\alpha = 0,10$ nicht signifikant

bei Ablehnung von H_0

$$H_0 : \beta_1 = \beta_2 ... = \beta_j = 0$$

β = wahrer Regressionskoeffizient

$\rightarrow$ F-Statistik: H_0: $F_{emp} \leq F_{tab}$

bei Ablehnung von H_0

$$H_0 : \beta_j = 0$$

β = wahrer Regressionskoeffizient

$\rightarrow$ t-Statistik: H_0: $F_{emp} \leq F_{tab}$

Abbildung 52: Hypothesenschema zur Überprüfung von (wichtigen) Leistungsanforderungen

Hypothesenschema zur Überprüfung einer potenziellen (unwichtigen) Leistungsanforderung

mittels Importance Grid

H_0: Das Merkmal stellt eine (unwichtige) Leistungsanforderung dar.

Prüfung der expliziten Wichtigkeit	**Prüfung der impliziten Wichtigkeit**
H_0: In Relation zu anderen Merkmalen weist die das untersuchte Beziehungsmerkmal eine eher geringe explizite Wichtigkeit auf.	H_0: Die Zufriedenheit mit dem jeweiligen Merkmal hat eine verhältnismäßig eher geringe, positive Wirkung auf die Gesamtzufriedenheit.

bei Bestätigung von H_0

$$H_0 : \overline{x}_j < \frac{\sum\limits_{i=1}^{n} \overline{x}_i}{n}$$

$\overline{x}_j$ = Durchschnittliche Wichtigkeitsbewertung des untersuchten Merkmals

$\overline{x}_i$ = Durchschnittliche Wichtigkeitsbewertung des i-ten Merkmals

n = Gesamtanzahl der untersuchten Merkmale

$\dfrac{\sum\limits_{i=1}^{n} \overline{x}_i}{n}$ = Arithmetisches Mittel der durchschnittlichen Wichtigkeitsbewertung aller Merkmale (Basis für die Achsenverteilung im *Importance Grid*)

bei Bestätigung von H_0

$$H_0 : \hat{b}_j < \frac{\sum\limits_{i=1}^{n} \hat{b}_i}{n}$$

$\hat{b}_j$ = Standardisierter Regressionskoeffizient der untersuchten Merkmals

$\hat{b}_i$ = Standardisierter Regressionskoeffizient des i-ten Merkmals

n = Gesamtanzahl der untersuchten Merkmale

$\dfrac{\sum\limits_{i=1}^{n} \hat{b}_i}{n}$ = Arithmetisches Mittel der standardisierten Regressionskoeffizienten aller Merkmale (Basis für die Achsenverteilung im *Importance Grid*)

Prüfung der Regressions- funktion	**Prüfung der Regressions- koeffizienten**
H_0: Die Regressionsfunktion weist keinen signifikanten Zusammenhang, bei $\alpha = 0{,}10$ auf	H_0: Die Regressionskoeffizienten der einzelnen Merkmale sind bei $\alpha = 0{,}10$ nicht signifikant

bei Ablehnung von H_0

$$H_0 : \beta_1 = \beta_2 \ldots = \beta_j = 0$$

β = wahrer Regressionskoeffizient

bei Ablehnung von H_0

$$H_0 : \beta_j = 0$$

β = wahrer Regressionskoeffizient

→ F-Statistik: H_0: $F_{cmp} \leq F_{tab}$

→ t-Statistik: $H_0 = F_{cmp} \leq F_{tab}$

bei Ablehnung von H_0

Abbildung 53: Hypothesenschema zur Überprüfung von (unwichtigen) Leistungsanforderungen

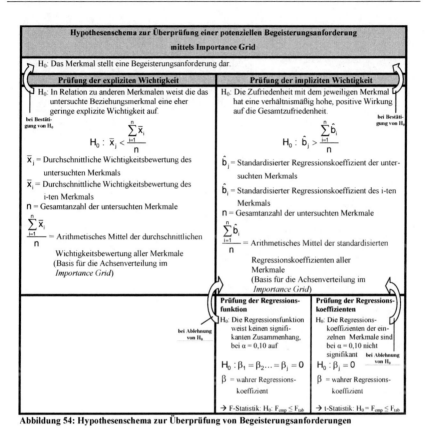

Hypothesenschema zur Überprüfung einer potenziellen Begeisterungsanforderung

mittels Importance Grid

H_0: Das Merkmal stellt eine Begeisterungsanforderung dar.

Prüfung der expliziten Wichtigkeit	**Prüfung der impliziten Wichtigkeit**

H_0: In Relation zu anderen Merkmalen weist die das untersuchte Beziehungsmerkmal eine eher geringe explizite Wichtigkeit auf.

bei Bestäti-
gung von H_0

$$H_0 : \bar{x}_j < \frac{\sum\limits_{i=1}^{n} \bar{x}_i}{n}$$

$\bar{x}_j$ = Durchschnittliche Wichtigkeitsbewertung des untersuchten Merkmals

$\bar{x}_i$ = Durchschnittliche Wichtigkeitsbewertung des i-ten Merkmals

n = Gesamtanzahl der untersuchten Merkmale

$\dfrac{\sum\limits_{i=1}^{n} \bar{x}_i}{n}$ = Arithmetisches Mittel der durchschnittlichen Wichtigkeitsbewertung aller Merkmale (Basis für die Achsenverteilung im *Importance Grid*)

H_0: Die Zufriedenheit mit dem jeweiligen Merkmal hat eine verhältnismäßig hohe, positive Wirkung auf die Gesamtzufriedenheit.

bei Bestäti-
gung von H_0

$$H_0 : \hat{b}_j > \frac{\sum\limits_{i=1}^{n} \hat{b}_i}{n}$$

$\hat{b}_j$ = Standardisierter Regressionskoeffizient der untersuchten Merkmals

$\hat{b}_i$ = Standardisierter Regressionskoeffizient des i-ten Merkmals

n = Gesamtanzahl der untersuchten Merkmale

$\dfrac{\sum\limits_{i=1}^{n} \hat{b}_i}{n}$ = Arithmetisches Mittel der standardisierten Regressionskoeffizienten aller Merkmale (Basis für die Achsenverteilung im *Importance Grid*)

Prüfung der Regressions-funktion	**Prüfung der Regressions-koeffizienten**

bei Ablehnung
von H_0

H_0: Die Regressionsfunktion weist keinen signifikanten Zusammenhang, bei $\alpha = 0,10$ auf

$$H_0 : \beta_1 = \beta_2 \ldots = \beta_j = 0$$

β = wahrer Regressionskoeffizient

→ F-Statistik: H_0: $F_{emp} \leq F_{tab}$

H_0: Die Regressionskoeffizienten der einzelnen Merkmale sind bei $\alpha = 0,10$ nicht signifikant

bei Ablehnung
von H_0

$$H_0 : \beta_j = 0$$

β = wahrer Regressionskoeffizient

→ t-Statistik: H_0: $F_{emp} \leq F_{tab}$

Abbildung 54: Hypothesenschema zur Überprüfung von Begeisterungsanforderungen

		Nachfolgeb eratung (E.)	Nachfolgeb eratung (K.)	Investitionspl anung (E.)	Investitions-planung (Kompetenz-einschatzung)	Workshops (E.)	Workshops (K.)
Nachfolgeberatung (E.)	Pearson Correlation	1,000	,149	,224*	,174	,407**	,085
	Sig. (2-tailed)	,	,168	,027	,098	,000	,433
	N	99	87	98	92	96	88
Nachfolgeberatung (K.)	Pearson Correlation	,149	1,000	,247*	,533**	-,034	,652**
	Sig. (2-tailed)	,168	,	,022	,000	,760	,000
	N	87	87	86	84	85	83
Investitionsplanung (Wünschenswertes Engagement)	Pearson Correlation	,224*	,247*	1,000	,312**	,435**	,158
	Sig. (2-tailed)	,027	,022	.	,002	,000	,141
	N	98	86	99	93	96	88
Investitionsplanung (K.)	Pearson Correlation	,174	,533**	,312**	1,000	,205	,646**
	Sig. (2-tailed)	,098	,000	,002	,	,053	,000
	N	92	84	93	93	90	87
Workshops (E.)	Pearson Correlation	,407**	-,034	,435**	,205	1,000	,031
	Sig. (2-tailed)	,000	,760	,000	,053	,	,778
	N	96	85	96	90	96	87
Workshops (K.)	Pearson Correlation	,085	,652**	,158	,646**	,031	1,000
	Sig. (2-tailed)	,433	,000	,141	,000	,778	,
	N	88	83	88	87	87	88

*. Correlation is significant at the 0.05 level (2-tailed).

**. Correlation is significant at the 0.01 level (2-tailed).

Tabelle 19: Korrelationsanalyse: Betriebswirtschaftliches Serviceangebot

Literaturverzeichnis

Bailom, Franz / Hinterhuber, Hans H. / Matzler, Kurt / Sauerwein, Elmar (1996):
Das Kano-Modell der Kundenzufriedenheit, in: Marketing ZFP, 1996, Heft 2,
S. 117-126

Bailom, Franz / Matzler, Kurt (2006):
Messung von Kundenzufriedenheit, in: Hinterhuber, Hans H. / Matzler, Kurt (Hrsg.)
(2006), Kundenorientierte Unternehmensführung, 5. Auflage, Wiesbaden 2006, S.
241-270

Balz, Ulrich / Bordemann, Heinz-Gerd (2004):
Mehr miteinander reden, in: Bankinformation, 2004, Heft 3, S. 21-24

Bastian, Nicole / Müller, Oliver (2005):
Deutsche Bank geht auf Mittelstand zu, in: Handelsblatt, 04.01.2005, S. 17

Bliemel, Friedhelm / Kotler, Philip (2005):
Marketing-Management – Analyse, Planung und Verwirklichung, 10. Auflage,
München 2005

BMS Consulting GmbH (2006):
MinD.banker Produktbeschreibung, Düsseldorf 2006

Bookhagen, Bettina (2006):
Erhebliche Identifikationsfunktion – „Wir machen den Weg frei" groß inszeniert, in:
Bankinformation, 2006, Heft 6, S. 56-59

Börner, Christoph J. (2005):
Konzeptioneller Rahmen: Strategisches Management und Strategieparameter, in:
Börner, Christoph J. / Maser, Harald / Schulz, Thomas Christian (Hrsg.) (2005),
Bankstrategien im Firmenkundengeschäft, Wiesbaden 2005, S. 31-63

Braunstein, Christine / Herrmann, Andreas / Huber, Frank (2006):
Der Zusammenhang zwischen Produktqualität, Kundenzufriedenheit und Unternehmenserfolg, in: Hinterhuber, Hans H. / Matzler, Kurt (Hrsg.) (2006), Kundenorientierte Unternehmensführung, 5. Auflage, Wiesbaden 2006, S. 67-83

Brenken, Anke (2006):
KfW-Studie: Die Globalisierung des Mittelstandes: Chancen und Risiken, Frankfurt
a.M. 2006

Bruhn, Manfred (2003):
Kundenorientierung: Bausteine für ein exzellentes Customer Relationship
Management, 2. Auflage, München 2003

Bruhn, Manfred / Homburg, Christian (2005):
Kundenbindungsmanagement – Eine Einführung in die theoretischen und praktischen Problemstellungen, in: Bruhn, Manfred / Homburg, Christian (Hrsg.) (2005), Handbuch Kundenbindungsmanagement, 5. Auflage, Wiesbaden 2005, S. 3-37

Bruhn, Manfred / Meffert, Heribert (2006):
Dienstleistungsmarketing: Grundlagen – Konzepte – Methoden, 5. Auflage, Wiesbaden 2006

Bufka, Jürgen / Eichelmann, Thomas (2002):
Erhöhung der Kundenzufriedenheit im Firmenkundengeschäft durch bedarfsorientierte Segmentierung – Ergebnisse einer empirischen Studie, in: Achenbacher, Wieland / Steffens, Udo (Hrsg.) (2002), Strategisches Management in Banken, Frankfurt a.M. 2002, S. 123-138

Bundesverband der deutschen Volksbanken- und Raiffeisenbanken e.V. – BVR (2001):
Bündelung der Kräfte: Die gemeinsame Strategie – Abschlussbericht

Bundesverband der deutschen Volksbanken- und Raiffeisenbanken e.V. – BVR (2004):
Kundensegmentierung für das Firmenkundengeschäft – Leitfaden

Bundesverband der deutschen Volksbanken- und Raiffeisenbanken e.V. – BVR (2006a):
Finanzverbund: Genossenschaftsbanken,
http://www.bvr.de/public.nsf/index.html!ReadForm&main=3&sub=20,
Stand: 21.11.2006

Bundesverband der deutschen Volksbanken- und Raiffeisenbanken e.V. – BVR (2006b):
Finanzverbund: Genossenschaften,
https://www.bvr.de/public.nsf/index.html!ReadForm&main=3&sub=50,
Stand: 21.11.2006

Bundesverband der deutschen Volksbanken- und Raiffeisenbanken e.V. – BVR (2006c):
Finanzverbund: Verbundpartner,
https://www.bvr.de/public.nsf/index.html!ReadForm&main=3&sub=30,
Stand: 21.11.2006

Bundesverband der deutschen Volksbanken- und Raiffeisenbanken e.V.
– BVR (2006d):
Verband: Aufgaben,
https://www.bvr.de/public.nsf/index.html?ReadForm&main=4&sub=10,
Stand: 21.11.2006

Bundesverband der deutschen Volksbanken- und Raiffeisenbanken e.V.
– BVR (2006e):
VR-Finanzplan Mittelstand – Projekthandbuch

Bundesverband der deutschen Volksbanken- und Raiffeisenbanken e.V.
– BVR (2006f):
VR-Finanzplan Mittelstand – CD-ROM zum Projekthandbuch

Burt, Ronald S. / Camerer, Colin F. / Rousseau, Denise M. / Sitkin, Sim B. (1998):
Not so different at all: A cross-discipline view of trust, in: Academy of Management
Review, 1998, Heft 3, S. 393-404

Büschgen, Hans E. (2000):
Strategische Positionierung und Profilierung der deutschen Sparkassen als regionale
Finanzdienstleister im Euro-Land, in: Zeitschrift für das gesamte Kreditwesen, 2000,
Heft 11, S. 580-595

Büschgen, Anja / Büschgen, Hans E. (2002):
Bankmarketing, 2. Auflage, Düsseldorf 2002

Desphandé, Rohit / Moormann, Christine / Zaltman, Gerald (1992):
Relationships between Providers and Users of Market Research: The Dynamics of
Trust within and Between Organizations, in: Journal of Marketing Research, 1992,
Heft 8, S. 314-328

Deutscher Sparkassen- und Giroverband – DSGV (2006a):
Organisation: Sparkassen,
http://www.dsgv.de/de/sparkassenfinanzgruppe/organisation/sparkassen/index.html,
Stand: 21.11.2006

Deutscher Sparkassen- und Giroverband – DSGV (2006b):
Organisation: Landesbanken,
http://www.dsgv.de/de/sparkassenfinanzgruppe/organisation/landesbanken/index.html,
Stand: 21.11.2006

Diller, Hermann (1996):
Kundenbindung als Marketingziel, in: Marketing ZFP, 1996, Heft 2, S. 81-94

von den Eichen, Stephan A. Friedrich/ Hinterhuber, Hans H. / Matzler, Kurt / Stahl, Heinz K. (2006):
Kundenzufriedenheit und Kundenwert, in: Hinterhuber, Hans H. / Matzler, Kurt (Hrsg.) (2006), Kundenorientierte Unternehmensführung, 5. Auflage, Wiesbaden 2006, S. 222-239

Elsas, Ralf (2001):
Die Bedeutung der Hausbank, Wiesbaden 2001

Färber, Bernd / Hopfner, Wilfried (2006):
Vertriebsintensivierung – Privatkundenstrategie 2012, in: Effert, Detlef / Hanreich, Wilfried (Hrsg.) (2006), Ganzheitliche Beratung bei Banken, Wiesbaden 2006, S. 33-53

Faßnacht, Martin / Homburg, Christian (2001):
Kundennähe, Kundenzufriedenheit und Kundenbindung bei Dienstleistungs-unternehmen, in: Bruhn, Manfred / Meffert, Heribert (Hrsg.) (2001), Handbuch Dienstleistungsmanagement, 2. Auflage, Wiesbaden 2001, S. 441-464

Fortis Bank (2006):
Home: Unsere Lösungen: Ihre Forderungen effektiv verwalten: Verringern Sie die Verwaltungsauslastung,
http://www.fortisbusiness.com/fbweb/deu_de/content/skills/skills_receivables_worklo ad_standard_de.html,
Stand: 11.12.2006

Georgi, Dominik (2005):
Kundenbindungsmanagement im Kundenlebenszyklus in: Bruhn, Manfred / Homburg, Christian (Hrsg.) (2005), Handbuch Kundenbindungsmanagement, 5. Auflage, Wiesbaden 2005, S. 229-249

Grönroos, Christian (2000):
Service management and marketing: a customer relationship management approach, 2. Auflage, Chichester 2000

Günterberg, Brigitte / Wolter, Hans-Jürgen (2002):
Unternehmensgrößenstatistik 2001/2002 – Daten und Fakten, Institut für Mittel-standsforschung Bonn, Bonn 2002, S. 1-22

Hartmann-Wendels, Thomas / Pfingsten, Andreas / Weber, Martin (2007):
Bankbetriebslehre, 4. Auflage, Berlin 2007

Hinterhuber, Hans H. / Matzler, Kurt / Stahl, Heinz K. (2006):
Die Customer-based View der Unternehmung, in: Hinterhuber, Hans H. /
Matzler, Kurt (Hrsg.) (2006), Kundenorientierte Unternehmensführung, 5. Auflage,
Wiesbaden 2006, S. 4-31

Hippmann, Hans-Dieter (2003):
Statistik, 3. Auflage, Stuttgart 2003

Holböck, Josef (2006):
Wie profitabel ist die ganzheitliche Finanzberatung?, in: Effert, Detlef / Hanreich,
Wilfried (Hrsg.) (2006), Ganzheitliche Beratung bei Banken, Wiesbaden 2006,
S. 169-199

Hunt, Shelby D. / Morgan, Robert M. (1994):
The Commitment-Trust Theory of Relationship Marketing, in: Journal of Marketing,
1994, Heft 7, S. 20-38

Institut für Mittelstandsforschung Bonn – IfM Bonn (2006):
Statistik: Definitionen und Schlüsselzahlen des Mittelstands in Deutschland,
http://www.ifm-bonn.org/index.htm?/dienste/definition.htm,
Stand: 25.11.2006

Käser, Burkhard / Putzer, Annette / Rinker, Andreas (2004):
zeb/-Firmenkundenstudie 2004, Münster 2004

Klingbeil, Ernst / Yousefian, Patrick (2002):
Bundesweites Pilotprojekt für das BVR-II-Rating, in: Bankinformation, 2002, Heft 2,
S. 28-29

Köhler, Peter / Potthoff Christian (2005):
Commerzbank umwirbt Mittelstand, in: Handelsblatt, 05.12.2005, S. 29

Köhler, Richard (2005):
Kundenorientiertes Rechnungswesen, in: Bruhn, Manfred / Homburg, Christian
(Hrsg.) (2005), Handbuch Kundenbindungsmanagement, 5. Auflage, Wiesbaden 2005,
S. 401-433

Krafft, Manfred (2007):
Kundenbindung und Kundenwert, 2. Auflage, Heidelberg 2007

Krauß, Carsten (2006):
Fit für die Zukunft – Erfolgreiche Restrukturierung des Firmenkundengeschäfts,
ADG Akademie deutscher Genossenschaften – Seminarbeitrag, Montabaur 2006

Kroeber-Riel, Werner / Weinberg, Peter (2003):
Konsumentenverhalten, 8. Auflage, München 2003

Krüger, Markus (2002):
Gestaltung der Zukunft kommt voran, in: Bankinformation, 2002, Heft 6, S. 6-15

Lambert, Martin (2002):
Sparkassen-Finanzgruppe: Berater und Finanzier des deutschen Mittelstands, in:
Sparkasse 119, 2002, Heft 3, S. 104-107

Luhmann, Niklas (2000):
Vertrauen. Ein Mechanismus der Reduktion sozialer Komplexität, 4. Auflage,
Stuttgart 2000

Matzler, Kurt / Stahl, Heinz K. (2000):
Kundenzufriedenheit und Unternehmenswertsteigerung, in: Die Betriebswirtschaft,
2000, Heft 5, S. 626-640

Matzler, Kurt / Sauerwein, Elmar (2002):
The Factor Structure of Customer Satisfaction: An empirical Test of the Importance
Grid and the Penalty-Reward-Contrast Analysis, in: International Journal of Service
Industry Management, 2002, Heft 4, S. 314-332

Matzler, Kurt / Sauerwein, Elmar / Stark, Christian (2006):
Methoden zur Identifikation von Basis-, Leistungs- und Begeisterungsfaktoren, in:
Hinterhuber, Hans H. / Matzler, Kurt (Hrsg.) (2006), Kundenorientierte
Unternehmensführung, 5. Auflage, Wiesbaden 2006, S. 290-313

Meffert, Heribert (2000):
Marketing – Grundlagen marktorientierter Unternehmensführung, 9. Auflage,
Wiesbaden 2000

Meffert, Heribert (2005):
Kundenbindung als Element moderner Wettbewerbsstrategien, in: Bruhn, Manfred /
Homburg, Christian (Hrsg.) (2005), Handbuch Kundenbindungsmanagement,
5. Auflage, Wiesbaden 2005, S. 145-166

Neuhaus, Patricia / Stauss, Bernd (2006):
Das Qualitative Zufriedenheitsmodell (QZM), in: Hinterhuber, Hans H. /
Matzler, Kurt (Hrsg.) (2006), Kundenorientierte Unternehmensführung, 5. Auflage,
Wiesbaden 2006, S. 81-96

Nowak, Helge (2002):
Ratings für alle Segmente, in: Bankinformation, 2002, Heft 5, S. 22-29

o.V. (2005):
RZB wirbt um deutsche Firmen: Mittelstand im Visier – Osteuropa-Netzwerk als Alleinstellungsmerkmal, in: Börsen-Zeitung, 2005, Heft 2007, S. 4

Paul, Stephan (2002):
Umbrüche im Finanzsystem – veränderte Rahmenbedingungen für das Private Banking, in: Carl, Reinhard / Letzing, Marc (Hrsg.) (2002), Finanzberatung – Persönlichkeit und Know-how für die umfassende Finanzberatung, Stuttgart 2002, S. 21-39

Porter, Michael E. (1999):
Wettbewerbsstrategie – Methoden zur Analyse von Branchen und Konkurrenten, 10. Auflage, Frankfurt a.M. / New York 1999

Porter, Michael E. (2000):
Wettbewerbsvorteile – Spitzenleistungen erreichen und behaupten, 6. Auflage, Frankfurt a.M. 1999

Sauerwein, Elmar (2000):
Das Kano-Modell der Kundenzufriedenheit – Realibität und Validität einer Methode zur Klassifizierung von Produkteigenschaften, Dissertation, Wiesbaden 2000

Schieble, Michael / Vater, Dirk / Wisskirchen, Cornel (2005):
Bain & Company Germany and Switzerland Inc. – Kundenorientierte Wachstumsstrategien, München 2005

Schierenbeck, Henner (2001):
Relationship Management als zentraler Erfolgsfaktor im Firmenkundengeschäft, in: Müller, Stephan / Rolfes, Bernd / Schierenbeck, Henner (Hrsg.) (2001), Das Firmenkundengeschäft – ein Wertevernichter?, Frankfurt a.M. 2001, S. 187-216

Schlosser, Christoph (2004):
In der Oper gibt es keine Volksmusik, in: Bankinformation, 2004, Heft 7, S. 28-31

Schmidt, Thomas (2001):
Die neue Rolle des Firmenkundenbetreuers im mittelständischen Firmenkundengeschäft, Aachen 2001

Schmoll, Anton (2006):
Vertriebsoptimierung im Firmenkundengeschäft, Wien 2006

Schröder, Gustav Adolf (2001):
Portfolio-Analyse im Kundengeschäft, in: Rolfes, Bernd / Schierenbeck, Henner / Schüller, Stephan (2001), Handbuch Bankcontrolling, Wiesbaden 2001, S. 595-606

Schulz, Thomas Christian (2005):
Strategische Segmentbildung im Firmenkundengeschäft der Banken, in:
Börner, Christoph J. / Maser, Harald / Schulz, Thomas Christian (Hrsg.) (2005),
Bankstrategien im Firmenkundengeschäft, Wiesbaden 2005, S. 66-92

Segbers, Klaus (2007):
Die Geschäftsbeziehung zwischen mittelständischen Unternehmen und ihrer
Hausbank, Dissertation, Westfälische Wilhelms-Universität Münster 2006, Frankfurt
am Main 2007

Söllner, Albrecht (1999):
Asymmetrical Commitment in Business Relationships, in: Journal of Business
Research, 1999, Heft 11, S. 219-233

Stahl, Heinz K. (2006):
Kundenloyalität kritisch betrachtet, in: Hinterhuber, Hans H. / Matzler, Kurt (Hrsg.)
(2006), Kundenorientierte Unternehmensführung, 5. Auflage, Wiesbaden 2006,
S. 4-31

Strauß, Marc-R. (2006):
Erfolgsfaktoren von Banken im Firmenkundengeschäft, Dissertation, Universität
Düsseldorf 2005, Wiesbaden 2006

Steffens, Udo (2002):
Chancen und Risiken der deutschen Banking & Finance-Branche – eine strategische
Analyse, in: Achenbacher, Wieland / Steffens, Udo (Hrsg.) (2002), Strategisches
Management in Banken, Frankfurt a.M. 2002, S. 79-103

Taistra, Gregor (2003):
Basel II – aktueller Stand und Auswirkungen auf die Mittelstandsfinanzierung,
KfW Arbeitspapier, 2003,
http://www.kfw.de/DE_Home/Research/Sonderthem68/BaselIIRat45/Arbeitspapier_B
aselII.pdf,
Stand: 20.12.2006

Taistra, Gregor (2004):
Rating und Unternehmensfinanzierung nach Basel II, Präsentation: PIMM Meeting,
Danzig 2004,
http://www.kfw.de/DE_Home/Research/Sonderthem68/BaselIIRat45/0401-
Danzig.pdf,
Stand: 20.12.2006

Vavra, Terry Gwyn (1997):
Improving Your Measurement of Customer Satisfaction – A Guide to Creating,
Conducting, Analyzing and Reporting Customer Satisfaction Measurement Programs,
Milwaukee 1997

VR FACTOREM GmbH (2006):
http://www.vr-factorem.de, Stand: 11.12.2006

Werani, Thomas (2004):
Bewertung von Kundenbindungsstrategieen in B-to-B-Märkten – Methodik und
praktische Anwendung, Wiesbaden 2004

Wildner, Georg (2006):
Mehr als ein Slogan?, in: Effert, Detlef / Hanreich, Wilfried (Hrsg.) (2006), Ganzheitliche Beratung bei Banken, Wiesbaden 2006, S. 105-112

Beiträge zum Controlling

Herausgegeben von Wolfgang Berens

www.peterlang.de

Peter Lang · Internationaler Verlag der Wissenschaften

Klaus Segbers

Die Geschäftsbeziehung zwischen mittelständischen Unternehmen und ihrer Hausbank

Eine ökonomische und verhaltenswissenschaftliche Analyse

Frankfurt am Main, Berlin, Bern, Bruxelles, New York, Oxford, Wien, 2007.
XXIV, 448 S., zahlr. Abb. und Tab.
Beiträge zum Controlling. Herausgegeben von Wolfgang Berens. Bd. 11
ISBN 978-3-631-55280-3 · br. € 77.70*

Das Hausbankprinzip nimmt bei der Finanzierung mittelständischer Unternehmen in Deutschland traditionell eine zentrale Stellung ein. Diese Beziehung unterliegt aktuell einem starken Wandel. Als Konsequenz wird häufig eine Abkehr vom Hausbankprinzip gefordert. Diese Untersuchung widmet sich der Hausbankbeziehung aus einer interdisziplinären Sichtweise heraus. Es wird ein ganzheitliches Modell entwickelt, das sowohl ökonomische als auch verhaltenswissenschaftliche Aspekte umfasst. Danach erfordert eine Hausbankbeziehung von beiden Partnern kontinuierlich die Bereitschaft, den Geschäftspartner durch eine Übererfüllung von dessen Erwartungen emotional zu binden. Die Arbeit zeigt Mängel in der aktuellen Bankpraxis auf und leitet daraus praktisch-normative Gestaltungsempfehlungen ab.

Aus dem Inhalt: Ökonomische und verhaltenswissenschaftliche Ansätze einer Hausbankbeziehung · Einflussfaktoren auf das Hausbankprinzip · Darstellung des Forschungsstandes zu Einflussfaktoren auf Kreditzins und -verfügbarkeit sowie Besicherung · Psychologische Fundierung des Vertrauenskonstruktes als Differenzierungsmerkmal · Entwicklung eines Wirkungsmodells der Kundenbindung als Grundlage für ein interdisziplinäres Verständnis einer Hausbankbeziehung · Ableitung praktisch-normativer Gestaltungsempfehlungen

Frankfurt am Main · Berlin · Bern · Bruxelles · New York · Oxford · Wien
Auslieferung: Verlag Peter Lang AG
Moosstr. 1, CH-2542 Pieterlen
Telefax 0041 (0)32/376 17 27

*inklusive der in Deutschland gültigen Mehrwertsteuer
Preisänderungen vorbehalten
Homepage http://www.peterlang.de